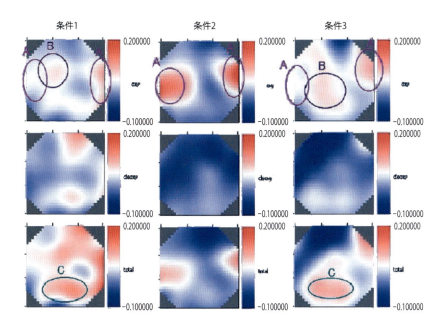

口絵1　光トポグラフィー（NIRS）を用いた解析画像
　　　赤で示された脳領域が活発に活動していることを示しています．（本文 p.7 参照）

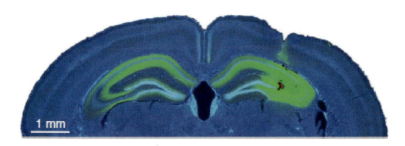

口絵 2　Cre/loxP 法での海馬錐体細胞へのチャネルロドプシン 2（ChR2）の導入
　　　　eYFP の蛍光により ChR2-eYFP フュージョンタンパク質の発現が確認できます．赤は一緒に注入された赤色のビーズで，注入部位を示しています．注入部位とは反対側の海馬にも神経線維の伸展に沿った eYFP の発現が見られます．青：DAPI 色素，緑：eYFP，赤：ビーズ．（本文 p.56 を参照）

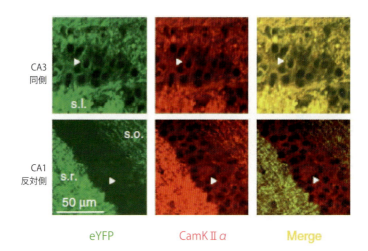

口絵 3　ウイルス注入側と同側の CA3 野錐体細胞における ChR2-eYFP の特異的発現
　　　　eYFP を緑色，CamKⅡαを赤色で免疫染色した画像．同側の CA3 野では錐体細胞層（矢頭）のみならず透明層（stratum lucidum: s.l.）など全域で eYFP，CamKⅡαの発現が見られます．しかし，反対側の CA1 野では CamKⅡαの発現はすべての層で見られますが，eYFP の発現は反対側からの交連線維が存在する放線層（s.r.）および多形細胞層（s.o.）にしか見られません．（本文 p.56 を参照）

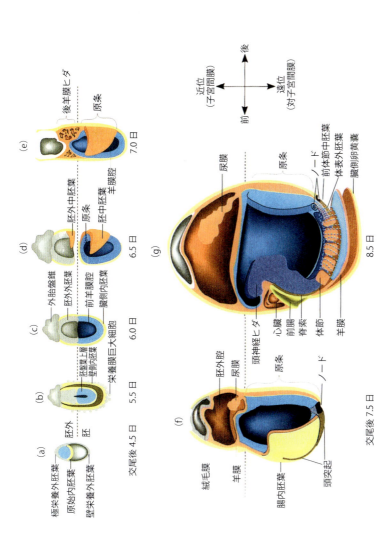

口絵 4　マウスの発生を示す模式図
(a) 着床時の胚は栄養外胚葉（灰色），原始内胚葉（ベージュ）およびエピブラスト（青色）から構成されています．原始内胚葉は壁側栄養外胚葉（c）に分化します．交尾後 6.5 日ごろ，原条および中胚葉（オレンジ色）の形成が始まり (d)，胚外の区域に広がっていきます (e)．交尾後 7.5 日ごろにノード（結節）が原条の前端部に出現します (f)．頭突起に続いて脊索がノードから生じます (g)．交尾後 8.5 日 (g) までに，神経外胚葉（紫色）が明瞭な神経ヒダに変化し，心臓が急速に発達します．Nagy, et al. 著, 山内ほか訳 (2005) を改変．(本文 p.61 を参照)

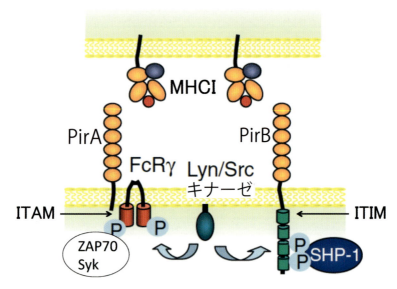

口絵 5　ペア型免疫受容体 PirA および PirB とそのシグナリング機構
ペア型受容体は細胞外に複数個の免疫グロブリン様ドメイン（オレンジの丸）をもっています．PirB は細胞内に ITIM（緑色の円筒）をもち，SHP-1 などの脱リン酸化酵素を活性化することによって抑制性シグナルを伝達します．一方 PirA は ITAM（赤色の円筒）を有するアダプタータンパク質，FcRγ，を介して ZAP70 や Syk などのリン酸化酵素を活性化することにより活性化シグナルを伝達します．Takai（2005）を改変．（本文 p.101 を参照）

ブレインサイエンス・レクチャー **5**

脳の左右差

右脳と左脳をつくり上げるしくみ

伊藤 功 著
市川眞澄 編

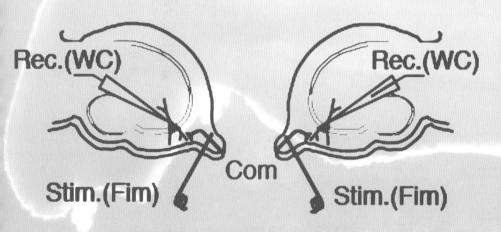

共立出版

本シリーズの刊行にあたって

　脳科学とは，脳についての科学的研究とその成果としての知識の集積です．脳科学は，紆余曲折や国ごとの栄枯盛衰があったとはいえ，全世界的に見ると20世紀はじめから21世紀にかけて確実に，そして大いに進んできたといえるでしょう．さまざまな研究技術の絶えまない発展が，そのあゆみを強く後押ししてきました．また，研究の対象領域の広がりも進んでいます．人間や動物の営みのほぼすべてに脳がかかわっている以上，これも当然のことなのです．

　反面，著しい進歩にはマイナス面もあります．一個人で脳科学の現状の全体像を細かなところまで把握するのは，いまやとても難しいことになってしまっています．脳のあるひとつの場所についての専門家であっても，そのほかの脳の場所についてはほとんど何も知らないといったことも，それほど驚くべきことではありません．また，新たに脳について学ぼうとする人たちからの，どこから手をつければいいのかさっぱりわからない，という声も（いまにはじまったことではありませんが）よく理解できます．

　こういった声に応えることを目標として，今回のシリーズを企画しました．このシリーズは，脳科学の特定のテーマについての一連の単行本からなります．日本語訳すれば「脳科学講義」となりますが，あえてちょっとだけしゃれてみて「ブレインサイエンス・レクチャー」と名づけました．1冊ごとに興味深いテーマを選んで，ごく基本的なことから，いま実際に行われている先端の研究で明らかになっていることまで，広く紹介するような内容構成になっています．通して読むことによって，読者が得られるものは大きいであろうと期待しています．

　本シリーズの編集にあたっては，脳科学研究の最前線にたって多忙をきわめている研究者の方々に，たいへんな無理をいってご執筆いただきました．執筆

の依頼に際しては，できるだけ初心者にもわかりやすいように，そして大事な点については重複をいとわず，繰り返し書いていただくようにお願いしてあります．加えて，読みやすさとわかりやすさのために，できるだけ解説図を増やすことと，特に読者の関心を引きそうな点や注目すべき点についてはコラムなどで別に解説してもらうことも要請しました．さらに各章末では，Q&A 形式による著者との質疑応答も，内容に広がりをもたせるために企画してみました．

このシリーズによって脳の実際の「しくみ」と「はたらき」や，脳の研究の面白さが，読者の皆さんにわかっていただけるように願ってやみません．入門者や学生のみなさんにとっては，最先端研究の理解への近道として役立つことと思います．また，脳の研究者や研究を志している方々にとっても，自らの専門外の知識の整理になり，新しい研究へのヒントがどこかで必ず得られるものと信じています．

今回のシリーズ企画にあたっては共立出版の信沢孝一さんに，また実際の編集作業とQ&A 用の質問の作成については，同社の山内千尋さんにお世話になりました．たいへんありがとうございました．

東京都医学総合研究所　脳構造研究室長
徳野博信
(2015年8月病没)

まえがき
〜本書の目的〜

　ヒトの脳は左右の半球からなり，両半球でその構造やはたらき方に違いがあります．今や左右の脳が機能的・構造的に異なること（脳の非対称性）は脳科学における一つの常識ともいえるでしょう．少し大きな書店に行けば，右脳と左脳の違いや，その特性に関連したさまざまな書籍が書棚の広い面積を占めています．日常生活のなかで実感として感じにくいのが難点ではありますが，ちょっと考えてみるとこれほど身近にある不思議も少ないでしょう．いったい何のためにわれわれは異なるはたらきをする左右の脳をもっているのでしょうか．それらは，私たちの生涯においていつ頃，どのようにしてつくられるのでしょうか．それらはどのようにしてその違いを生涯にわたって保ち続けるのでしょうか．本書の目的は，このような疑問に対して微視的なレベル，すなわち，分子，細胞，シナプスそして神経回路のレベルで，現在どこまで答えられるかを試みることにあります．したがって，本書の内容は，これまで語られてきたような巨視的なレベル，すなわち肉眼で見えるレベル，での脳の左右差に関する話とはおよそ趣を異にすることになります．そこでまず，従来の巨視的レベルでの脳の左右差研究を概観し，かつその研究の歴史を振り返ることによって，本書が描こうとする微視的レベルの左右差研究との違いを把握することから始めようと思います．次に，マウスの海馬において明らかになった，神経回路の分子レベルの非対称性を紹介し，つづいて脳の非対称性の形成機構を知るうえで重要な，マウス胚の初期発生における体軸の左右決定機構を概説し，脳と身体の左右決定機構の差異について検討したいと思います．また，魚類の脳の左右差形成機構に関する最近の知見を紹介し，マウス脳の研究においても参考とすべき点を探ります．さらに，非対称な神経回路の形成に，ある種の免疫系機能タンパク質が重要なはたらきをしていることを示す最近の知見についても紹

介したいと思います．最後に，マウス脳における左右決定や左右差形成機構を説明しうる可能性のあるモデルを示し，今後明らかにすべきことや研究の方向性について述べたいと思います．

目　次

第 1 章　左右差研究の歴史　　1

第 2 章　海馬とその神経回路およびグルタミン酸受容体　　16
- 2.1　左右差研究の対称としての海馬 ... 16
- 2.2　海馬とその神経回路 ... 18
- 2.3　グルタミン酸受容体 ... 24
  - 2.3.1　AMPA 型グルタミン酸受容体 ... 28
  - 2.3.2　NMDA 型グルタミン酸受容体 ... 30

第 3 章　海馬神経回路の非対称性　　38
- 3.1　海馬交連切断マウス ... 38
- 3.2　海馬神経回路の非対称性 ... 40
- 3.3　ε2-dominant および ε2-non-dominant シナプスの機能的・構造的差異 ... 45
  - 3.3.1　シナプス NMDA 型受容体応答の薬理学的特性における差異 ... 45
  - 3.3.2　可塑的性質に見られる差異 ... 47
  - 3.3.3　シナプスの形態的な差異 ... 50
  - 3.3.4　AMPA 型受容体サブユニット（GluR1）分布の非対称性 ... 51
- 3.4　光遺伝学的手法による神経回路非対称性の検証 ... 52
  - 3.4.1　光遺伝学 ... 52
  - 3.4.2　チャネルロドプシン 2 ... 53
  - 3.4.3　ハロロドプシン ... 54
  - 3.4.4　G タンパク質共役型光活性化タンパク質の利用 ... 54
  - 3.4.5　光活性化タンパク質の導入方法 ... 55

目 次

第4章　体の左右を決めるしくみ　59
- 4.1　マウスの初期胚とノード流 ... 60
- 4.2　ノード流は何かを運ぶのか ... 67
- 4.3　Nodal シグナリング ... 69

第5章　脳の左右決定における Nodal 経路の役割　75
- 5.1　*iv* マウス海馬神経回路の右側異性 ... 75
- 5.2　*iv* マウスの行動解析 ... 77
- 5.3　魚類の脳の非対称性形成機構 ... 79
  - 5.3.1　魚類胚における左右軸決定機構 ... 80
  - 5.3.2　魚類脳に特徴的な間脳上部での Nodal 経路の発現 ... 83
  - 5.3.3　ヒラメとカレイの眼位決定機構 1 ―変態期の異体類に起こる脳と頭蓋骨の著しい非対称化 ... 87
  - 5.3.4　ヒラメとカレイの眼位決定機構 2 ―*pitx2* の再発現 ... 90

第6章　脳の非対称性形成における免疫系タンパク質の役割　94
- 6.1　神経回路形成機構の概略 ... 94
- 6.2　主要組織適合性複合体とその受容体の脳神経系における発現 ... 95
  - 6.2.1　MHCI の構造と機能 ... 95
  - 6.2.2　MHCI 受容体としての T 細胞受容体 ... 97
  - 6.2.3　脳で重要なもう一つの MHCI 受容体――ペア型免疫受容体 ... 100
- 6.3　脳神経系における MHCI の非免疫機能 ... 102
- 6.4　神経回路の非対称性形成における MHCI/PirB 系の役割 ... 106

第7章　脳の非対称性を生み出すしくみ　114
- 7.1　脳の左右を決めるしくみ――Nodal シグナル経路の役割 ... 114
- 7.2　非対称な神経回路を生み出すしくみ ... 118

あとがき　123

索　引　127

1 左右差研究の歴史

　表1.1は脳の左右差研究の歴史を，各年代で用いられた研究手法を中心にまとめた年表です．脳の左右差に関する報告が，科学的な議論の場に初めて持ち込まれたのは1836年のことのようです．この年，フランスのモンペリエで開かれたフランスの医学会で，Marc Daxという開業医が短い報告を行いました．後に有名になったPaul Brocaによる詳しい報告の25年も前のことです．Daxは長年にわたる開業医としての経験を通じて，脳の損傷により話すことができなくなった40人以上の失語症患者に接し，彼らは共通して左大脳半球に損傷があったことに気づきました．右半球のみの損傷で失語症を示すような患者は一人もいませんでした．そこで彼は，左右の脳半球は異なった機能をもっており，発話は左脳に依存すると結論しました．Daxにとってはこれが生涯で唯一の学会発表であったのですが，残念なことに彼の発表はほとん

表1.1　能の左右差研究の歴史

19th	・臨床報告/剖検
20th	・神経心理学/分離脳 ・電気生理学：EEG, EP ・脳のイメージング：X線CT, MRI, fMRI, NIRS ⋮
21th	

EEG：脳波，EP：誘発電位，X線CT：X線コンピュータトモグラフィ，MRI：核磁気共鳴画像，fMRI：functional MRI，NIRS：近赤外線スペクトロスコピー．

解説　失語症と言語野

　言語に深い関連性を示す脳の領域に関する知識の多くは失語症の研究から得られています．失語症（aphasia）は，脳の損傷による部分的あるいは完全な言語能力の損失ですが，発話に必要な筋の運動能力や認知能力は損なわれていないことが多いようです．現在，言語の発話と言語の理解に関連性の深い2つの脳領域が知られています，これらはそれぞれブローカ野（Broca's area）とウェルニッケ野（Wernicke's area）とよばれています（図1.4参照）．

　フランスの神経科学者であるPaul Brocaは，左半球の前頭葉付近の損傷により発話が障害された複数の症例や，右半球の損傷では発話が障害されないとの報告にもとづいて，1864年に発話は主として左半球で統御されているとの考えを提案しました．片方の脳半球がある特定の機能に関して他方よりも強く関与している場合，その機能に関して，その半球は優位（dominant）であるといいます．発話に重要な部位としてBrocaが同定した，優位な左半球の前頭葉付近の領域は現在ブローカ野とよばれています．Brocaの発見は，脳の機能が特定の領域に局在していることを初めて明確に示した点において重要であるとされています．ブローカ野の損傷による失語症（ブローカ失語症，Broca's aphasia）では発話は困難ですが，言語理解は一般にかなり良いとされています．

　一方，1874年ドイツの神経科学者であるKarl Wernickeは，言語に関しては左脳が優位半球であることは認めつつも，ブローカ野とは異なる部位の損傷によっても，ある種の言語障害が起こることを報告しました．左脳側頭葉に存在するこの部位はウェルニッケ野とよばれ，この部位の損傷では発話は流暢ですが言語の理解力が乏しく，話す内容にもほとんど意味がないのが特徴です．

　ブローカ野とウェルニッケ野を合わせて言語野（language areaまたは，speech area）とよびますが，これら隣り合う両野の境界ははっきりしておらず，またそれらの領域の解剖学的な位置も個人差がかなり大きいことが知られています．さらに，両野の機能も発話や言語理解といった明確な言語機能に仕分けされているのではなく，それぞれが両方の機能にある程度関与している可能性があるようです．さらに，今日では右脳が言語に関する優位半球である人や言語野が両半球にまたがって存在する人なども，比率としては低いけれども一定数存在することが知られています（図1.7参照）．これらの人の場合，これら2つの言語野も，右脳または両側の相同部位に存在していることになります．

ど注目されることなく，彼はその翌年に亡くなっています．Dax や Broca の時代，脳の機能的左右差に関する主要な研究手法は臨床観察と剖検（死後解剖）でした．

　それから時代は少し飛びますが，20 世紀半ばには分離脳の患者を対象とした神経心理学的研究が行われました．1981 年にノーベル賞を受けた Roger Sperry らの研究もこの頃のものです．その当時重篤なてんかん患者に対する外科的治療法の一つとして，左右の大脳皮質を連絡しているおよそ 2 億本の神経線維からなる脳梁を完全に切断する手術が行われていました．これを，分離脳手術または脳梁切断術といい，このような手術を受けた患者を分離脳患者とよんでいました（図 1.1）．Sperry らが分離脳患者を対象に行ったタキストスコープ（瞬間露出器）を用いた実験を簡単に説明します（図 1.2）．分離脳患者の女性（N.G.）は中央に小さな黒い点（凝視点）のあるスクリーンの前に座っています．タキストスコープはごく短い時間 (0.1 ～ 0.2 秒間) スクリーン上にさまざまな絵や写真を映し出すことができます．まず，N.G. に凝視点を見つめておいてもらい，実験者はそのことを確認してから，凝視点の右側のスクリーン上にコップの絵を瞬間的に提示します．このとき N.G. は「コップが見えた」ことを報告しました．ふたたび凝視点に注目してもらい，今度は凝視点の左側にスプーンの絵を瞬間的に提示して何が見えたかを尋ねました．すると彼女は「何も見えません」と答えました．そこで, 実験者は N.G. にスクリー

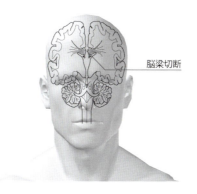

図 1.1　脳梁切断
　　左右の大脳皮質をつなぐ 2 億本の神経の束（脳梁）を切断することによって，左右の脳半球を分離します．このような脳を分離脳とよびます．

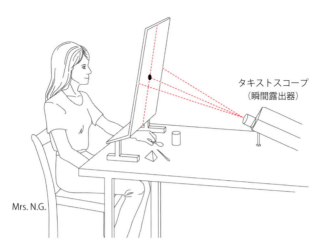

図 1.2　タキストスコープを用いた実験の様子
　分離脳患者である N.G. は，凝視点の描かれたスクリーンの前に着座しています．タキストスコープはスクリーンを挟んで N.G. と反対側に設置されています．また，スクリーンの後ろ側（N.G. からは見えない位置）にさまざまな物が置かれており，N.G. はこれを左手で触ることができます．Springer, Deutsch 著，福井，河内 監訳（1997）を改変．

ンの下に左手を伸ばして，N.G. には見えないように置かれているいくつかの物のなかから，今見えたはずの物を左手で探しだすように命じました．すると彼女の左手は，いくつかの物を触り，中からスプーンを探り当てました．そこで実験者が今左手に持っている物を尋ねると，彼女は「えんぴつです」と答えたそうです．

　ふたたび彼女に凝視点を注視するように指示し，今回はヌード写真を凝視点の左側に瞬間的に投射しました．何が見えたか尋ねられた N.G. は「何も見えません」と答えましたが，やがて彼女は顔を赤らめ，口を手で押さえてクスクス笑いはじめました．実験者が何を笑っているのかと尋ねると，彼女は「先生，何かいたずらをしましたね」と答えたそうです．この実験の結果は下記のように説明されています．

　眼が凝視しているあるポイントから別のポイントへ速やかに移動する眼球運動をサッケード（saccade）といいます．サッケードはいったん始まるとかなりの速度で動くのですが，静止状態から動き始めるのには時間がかかります．

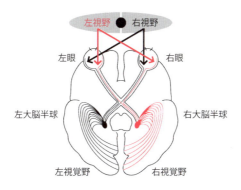

図 1.3 左右の大脳視覚野への視覚伝導路を示す模式図
中央の点を凝視すると，左右の眼は左右の視野を見ますが，右視野の情報は右眼の鼻側，および左眼の耳側の網膜からグレーで示した神経経路を通して左脳へ送られます．一方，左視野の情報は赤色の神経経路を経由し右脳で処理されます．左右半球の視覚野で処理された情報は，脳梁を介して反対側へも送られています．しかし，脳梁が切断された分離脳の患者に対して，眼と頭が動かないようにすると，左右の半球は外界の半分しか見ることができません．

その時間はおよそ 0.2 秒といわれており，0.2 秒以下の短い視覚刺激を用いると被験者は凝視点から眼を動かすことができません．そのため，スクリーンの片側に映し出された視覚情報は右または左の脳半球のみに入力されることになります．図 1.3 は視覚情報の伝達路を示す模式図です．両眼が凝視点を注視すると，凝視点の右側（右視野）の情報は左半球にのみ入力され，左視野の情報は右半球でのみ処理されます．さらに N.G. は脳梁が切断されているため，左右の脳の間の情報伝達が完全に失われています．

今，凝視点の右側のスクリーンにコップの絵が瞬間的に提示されたとします．このとき，右視野に示されたコップの絵は右眼の鼻側，および左眼の耳側の網膜から灰色で示した神経経路を通して左脳の一次視覚野で処理されます．N.G. の言語野は左脳に存在したため，この処理された視覚情報は同側内の言語野によって処理され「コップが見えた」と発話することができます．ところが，左側のスクリーンに映し出されたスプーンは，赤色の神経経路を経由し右脳の一次視覚野で処理されます．この視覚情報は，脳梁が完全に切断されている N.G. では左脳の言語野に伝達されることがないので「何も見えません」と答えたと思われます．しかし彼女がスプーンの絵を見ていたであろうことは，

彼女の左手が正しくスプーンを探り当てたことから推測できます．左手の感覚は右脳で処理されており，言語化する必要のない手の感覚情報と視覚情報に基づく判断は，右の脳内で正しく行われていることが示唆されます．同じく左視野に示されたヌード写真の場合，N.G. が顔を赤らめ，クスクス笑いはじめたところをみると，与えられた視覚情報はそのような情動反応をひき起こすほど充分に処理されていたはずです．ところが，その視覚情報は左脳の言語野に伝達されることがないため何を見たのかを言語化できません．しかし N.G. の左脳は，右脳によってひき起こされた身体的反応に気づき，何が起こっているのかを理解しようとして戸惑い，適当な言葉を発したのではないかと推察されます．

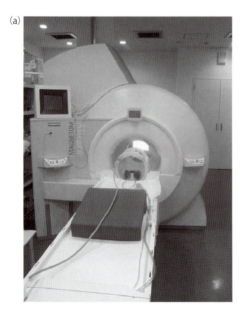
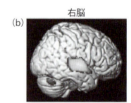
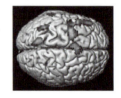

図 1.4　fMRI の装置（a）と解析画像（b）
　被検者にヘッドホンを通して物語の朗読を聞かせたときの脳の活動の様子を装置（a）で解析した結果が（b）に示されています．左脳を示した図で，赤の点線で囲われた 2 つの領域を合わせて言語野とよんでいます．このうち 1 はブローカ野とよばれる発話の中枢．一方 2 の領域はウェルニッケ野とよばれる言語理解の中枢です．朗読を聞くことによって，言語野付近の活動が他の領域と比べて高まっている（グレーで示されている）ことがわかります．

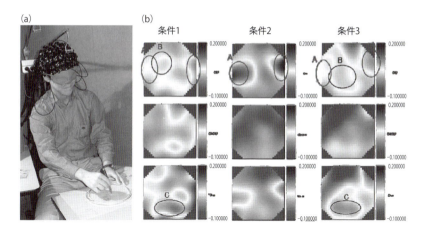

図 1.5 光トポグラフィー（NIRS）を用いた測定の様子（a）と解析画像（b）
(a) 被検者にさまざまな刺激（光や音など）を与えたり，映像を見せたり，あるいは作業を行ってもらい，そのときの脳の活動の様子をリアルタイムで解析することができます．
(b) 解析画像．赤で示された脳領域が活発に活動していることを示しています．（カラー図は口絵 1 を参照）

　やや説明が長くなりましたが，左右差研究の歴史（表 1.1）に話しを戻しましょう．1970 年代になると脳波（electroencephalogram: EEG）や誘発電位（evoked potential: EP）などを計測する電気生理学的な手法が脳の左右差研究に用いられるようにりました．さらに，20 世紀後半になるとさまざまな脳のイメージング技術が発達しました．X 線 CT（computed tomography）や MRI（magnetic resonance imaging，核磁気共鳴画像）のように生きたままの脳の構造を微細に可視化する解析装置，または fMRI（functional MRI，機能性 MRI，図 1.4）や近赤外線スペクトロスコピー（near-infrared spectroscopy: NIRS，図 1.5）によって脳内の局所血流量の差異を測定し，活発に活動している脳領域を精密にかつ迅速に可視化することができるようになりました．長年にわたるこのような研究のなかから，被験者の言語野が左右どちらの半球にあるかを確かめる簡便な方法として和田テストも考案されました（図 1.6）．和田テストは，モントリオール神経科学研究所の和田 淳博士によって考案されたものです．アミタールのような即効性の麻酔薬を片側の頸動脈に注入すると，薬は注入したのと同じ側の大脳半球に運ば

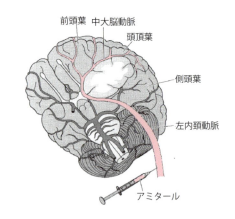

図 1.6　和田テスト
Bear, et al. (2012) を改変．

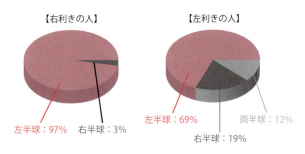

図 1.7　言語に関する優位半球と利き手の関係

れ，およそ 10 分間程度麻酔効果を発揮します．効果は迅速かつ強力で，数秒のうちに注入側と反対の四肢が麻痺し，動かなくなります．これを確かめてから，たとえば患者に質問に答えるように求めることによって，発話能力を調べることができます．もし注入した半球が言語優位半球である場合，患者は麻酔薬の効果がなくなるまで話すことができません．しかし，注入した半球が言語優位半球でなければ，会話は可能です．このような研究の結果，右利きの人の 97％は左半球に言語野があり，左利きの人の 69％はやはり左半球に言語野がありますが，右半球にある人や両半球にまたがって言語野がある人の割合が右利きの人に比べてずっと多いことがわかりました（図 1.7）．これらさまざまな努力の結果として，左半球は論理的で理性的なはたらきを得意とし，一方右

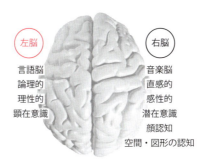

図 1.8　左脳と右脳の高次機能の違い

半球は直感的・感性的で，図形や空間の認知，ナビゲーションなどの能力を担っていることなどが明らかにされてきたのです（図 1.8）．

解説　脳波と誘発電位

頭部の皮膚上の2点間で記録される数十μVの電位変動を脳波（electroencephalogram）とよびます．これは大脳皮質の電気的活動を脳脊髄液，硬膜，頭蓋骨，頭皮を介して記録したものです．脳波を大脳皮質の表面から直接記録したものは皮質脳波（electrocorticogram）とよばれます．脳波は大脳皮質に存在する多くの神経細胞の電気的活動によるものですが，とりわけ神経細胞に生じるシナプス後電位が脳波の発生に強く関与しているとされています．それは，血行の停止，麻酔などで神経細胞の活動電位が記録できなくなった後でも皮質脳波は記録できるなどの事実によっています．個々の神経細胞におけるシナプス後電位は小さいため，多数のシナプス後電位が同期して発生している様子が脳波として記録されているものと考えられています．脳波は周波数 1〜100 Hz，振幅数 〜100 μV 程度の波で，脳の活動状態によって周波数，振幅ともに変動します．個人によって脳波のパターンはかなり異なりますが，同一個人の同一条件下での脳波のパターンは安定しており，個人の識別ができるほどです．脳波は周波数によって β 波（13〜30 Hz），α 波（8〜13 Hz），θ 波（4〜8 Hz）および δ 波（4 Hz 以下）に分類されます．最も速い β 波は活発に活動している大脳皮質が発する脳波です．α 波は目を閉じて安静にしている覚醒時の脳波で，最も基本的な脳波とされています．θ 波と δ 波は睡眠時脳波で，とくに δ 波は振幅が大きい遅い脳波で，深い睡眠状態の指標です．ヒトの脳波は 1929 年，オーストリアの精神科医である Hans Berger によって初めて記録されました．

1970年代に入り，アメリカのDavid GalinとRobert Ornsteinらが，左右の脳から記録される脳波の違いは，その脳波の記録中に行った課題の内容と関連づけられることを示したことなどから，脳の左右差研究に脳波の測定が用いられるようになったようです．

　脳波は，視覚，聴覚あるいは体性感覚などのさまざまな刺激に対応して特異な変動を示すことが知られています．感覚刺激後約0.5秒の間に生じる脳波の変動は誘発電位とよばれ，与えられた刺激の種類（視覚，聴覚，体性感覚など）や測定中に課された課題の内容により波形や振幅が変化します．しかし，誘発電位はきわめて小さな脳波の変動（通常 数μV）であるため，それより大きな振幅をもつ自発性の脳波と重なって検出するのが困難です．そこで，コンピュータを用いて数十回以上同じ刺激を加え，測定される誘発電位を加算平均することにより，刺激と無関係な脳波を雑音として消去し，誘発電位の振幅を加算回数に比例して増大させる方法がとられます．誘発電位も1970年代以降，脳の左右差の研究に利用されるようになりました．

解説　MRI，fMRIおよびNIRS

　核磁気共鳴の原理を応用して生体組織の断層像を得る方法を核磁気共鳴画像（MRI）といいます．1980年代からヒトの頭部や身体の断層画像を得ることを目的として医療用MRIが用いられるようになりました．脳の表面から深部に至るまで，白質，灰白質および脳室の構造が高分解能（2〜3 mm）で精細な画像として得られます．

　一方，1880年イタリアの生理学者Angelo Mossoにより，局所的な脳活動の増加がその領域の血流量の増加をひき起こすことが発見されました．これを神経血管カップリング（neurovascular coupling: NVC）といいます．局所的に見られる脳血流量の変化は主として神経系のシナプス活動を強く反映していると考えられています．この局所脳血流量の変化を検出し，脳の活動状態を計測するのがfunctional MRI（fMRI）です．脳の断層像を撮影する医療用MRIがそのまま使え，時間・空間分解能も高いのですが，測定時，被験者に対する拘束性が高い（測定中動けない）のが難点とされています．

　fMRIと同様に脳内の局所血流量を計測する方法として近年活用されているのが近赤外線スペクトロスコピー（NIRS）です．700〜1300 nmの波長領域の光は近赤外線とよばれ，可視光に比べて体を透過しやすい性質をもっています．NIRSでは，800 nm前後の近赤外線を頭皮外から脳内へ向けて照射し，反射し

て戻ってくる光を，照射点から数cm離れたところで検出し，脳内局所血流量の変化を測定します．1990年代初期から利用されはじめ，計測が比較的容易であり，被験者に対する拘束性が低く，子どもにも適用可能であることなどから，急速に広まりました．空間分解能がやや低い（およそ3cm程度）のが難点とされています．

　このように見てくると，ヒトの脳を中心とした従来の左右差研究に用いられてきた分析手法は，死んでしまった脳の解剖から，生きて活動している脳の非侵襲的観察へ，また，時間のかかる解剖学的方法からリアルタイムの分析へと変化してきていることがわかります．また，従来の左右差研究が一貫してもち続けてきた特徴は，ある特定の高次脳機能が左右脳半球のどちらにあるのか，どちらのどのあたりに局在しているのかを明らかにすることを目的としてきたことでしょう．言い換えれば，従来の左右差研究は，巨視的なレベルで，脳の構造的な非対称性と機能的な非対称性を対応づけることが研究の主たる目的であったといえるでしょう．その範囲で，従来の研究は成果を上げてきたし，それらの成果は人々の関心や興味を引きつけるのに充分な魅力と不思議さを備えていました．しかし，なぜ左右の脳は非対称なのでしょうか．左右脳の違いはいつ頃，どのようにして生み出されるのでしょうか．従来の左右差研究は，このような「なぜ」という問いかけには充分に答えてこなかったように思われます．それは，試験管内（in vitro）の実験で左右の脳を示す適切な指標（目印）がなかったために，微視的なレベルでの研究がとても困難であったことによるのではないでしょうか．

　さて，それではヒト以外の動物における脳の左右差研究ではどのようなことが知られているでしょうか．ヒトとは異なる特徴があるのでしょうか．ここでは上にあげたヒトの例（タキストスコープを用いた実験）に類似した研究例として水迷路課題（water maze）を用いたラットの研究を紹介することにします．図1.9に水迷路課題の装置と実験室の様子を示しました．水迷路課題は1981年にRichard G. Morrisによって考案されたものです．用いる動物によって装置の大きさはやや異なりますが，ラットの場合直径およそ1.2〜1.5m，縁の高さが30〜40cmくらいの円形水槽を用います．水槽は，スキムミ

第 1 章　左右差研究の歴史

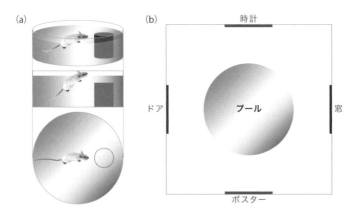

図 1.9　水迷路課題（water maze）
スキムミルクなどを溶かして不透明にした水で満たされた円形の水槽には水面下にプラットホーム（逃避台）が沈められています（a）．動物はこの水槽の中を泳ぎ，プラットホームにたどり着くことによってその位置を学習します．水槽の置かれた狭い空間には探索の手掛かりとなるように時計やポスターなどが水槽周囲の壁に配置されています．詳しくは本文を参照してください．

ルクを溶かすなどして不透明にされた水で満たされています．この不透明な水の中でラットを泳がせ，水槽の中に隠されているプラットホーム（逃避台）を探し出させ，その位置を学習させる課題です．このときラットは何を手掛かりとしてプラットホームの位置を学習するかというと，それは装置の外側にあるさまざまな手掛かり，たとえば装置が置かれた小部屋のドア，壁に貼られたポスターや時計などの配置を手掛かりとしていると考えられています．さて図1.10 の実験では，オスの成獣ラットを用いて，水槽内のプラットホームを泳いで探索させる訓練を，1 日 4 回実施しました．4 回の試行ごとに，異なる 4 つのスタート地点から出発させます．この訓練を連続して 4 日間行うのですが，プール内で探索行動を行うときに右目をテープで塞いで訓練したグループと，左目を塞いで探索させたグループを比較すると，右目を塞いだグループのほうが，プラットホームを見つけるまでの移動距離が短かったという報告があります（図 1.10）（Cowell et al., 1997）．この結果は，右目を塞いだグループのほうがプラットホームの位置をより正確に学習したことを意味しています．ラットなどの齧歯類の場合，網膜から視覚野に至る視神経経路はほぼ完全に交差しています．そのため，右の目からの視覚情報はほぼ完全に左脳に入力

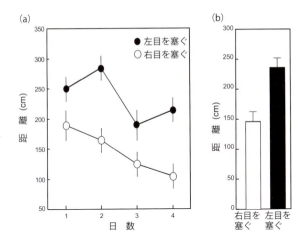

図 1.10　水迷路課題を用いたラットの実験例
　　課題遂行時，右目を目隠ししたラットおよび左目を目隠ししたラットそれぞれ 10 頭に対して水迷路課題を実施し，プラットホームに到達するまでの泳動距離を測定しました．
　　(a) 1 日 4 回，連続 4 日間課題を実施させ，各日ごとに 4 回の試行における泳動距離の平均値をプロットしました．エラーバーは標準誤差（SE）を示します．
　　(b) 4 日間すべての試行における泳動距離の平均値を示しました．エラーバーは SE です．
　　Cowell et al. (1997) を改変．

し処理されます．一方，左の目からの情報は右脳で処理されています．よって，右目を塞いだラットでは左目で探索行動を行うことになり，このときその情報は右脳で処理されています．左目を塞いだラットの場合は，左脳で探索を行っていることになります．したがってこの結果は，ラットにおいても左右の脳は機能分化しており，空間学習の能力は左脳よりも右脳のほうが優れている可能性を示唆しています．図 1.10 の実験では，各実験日における 4 回の試行での探索距離（泳動距離）の平均値の日変動（図 1.10a），および 4 日間の全試行のにおける探索距離の平均値（図 1.10b）で評価しています．この実験例では用いられていませんが，別の評価方法としては，同様の実験を行い，4 日目の最終試行の直後にプール内のプラットホームを取り去り，逃避台がない状態で一定時間（たとえば 1 分間）ラットを泳がせ，プール内のどのあたりを長く泳いでいるかを評価するという方法も用いられ，このような評価方法は**トランスファーテスト**とよばれています．予測される結果を図 1.11 に示しました．右目を塞いだラットはプラットホームが置かれていた場所をよく記憶している

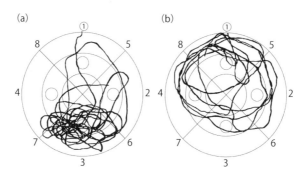

図 1.11　水迷路課題におけるトランスファーテストの例
（a）右目を塞ぎ，左目で探索．（b）左目を塞ぎ，右目で探索．
図 1.10 の実験でトランスファーテストを実施した場合，予想される結果．図中 3 の位置の水槽中央部におかれていたプラットホームは，トランスファーテストの直前に取り去ります．動物を①の位置から放ち，一定時間プール内を泳いで探索させます．詳しくは本文を参照してください．

ため，そのあたりの水域（図 1.11 の 3 の領域）を泳いでいる時間が他の水域に比べて長いでしょう．一方左目を塞いだラットは場所記憶が劣るので正確なナビゲーションができず，プールの周りをくるくる泳ぎまわることになると予想されます．

　いずれにしても，これらの結果が示しているように，現在，ヒト以外の動物においても脳は機能的に左右分化（lateralize）しており，それぞれに異なる特徴をもち，その特徴はヒト脳の左右の違いと類似していると考えられています（Walker,1980）．しかし，ヒト以外の動物を対象にした研究においても，従来の左右差研究は，なぜ左右の脳は非対称なのか，左右脳の違いはどのようにして生み出されるのか，などの問いには充分に答えてこなかった点において，ヒトを対象とした研究の場合と同様であるように思われます．その原因はやはり，試験管内の実験で左右の脳を示す適切な指標（目印）がなかったために，微視的なレベルでの研究が困難であったことによるように思われます．

　ここまで，従来の脳の左右差研究の歴史を振り返りながら，ヒトやヒト以外の動物を対象として行われた従来の研究の特徴を概観してきました．長い歴史をもつこの分野の実験や提案されてきた仮説を網羅的に紹介することはこの本の趣旨ではありません．したがってこれらに関しては，参考文献に挙げた専門

書などを参考としてください.

参考文献

Bear, M., Connors, B., Paradiso, M. (2012) "Neuroscience: Exploring the Brain, 4th ed.", Lippincott Williams & Wilkins.

Cowell, P. E., Waters, N. S., Denenberg, V. H. (1997) The effects of early environment on the development of functional laterality in Morris Maze performance. *Laterality*, **2**, 221-232.

Springer, S. P., Deutsch, G. 著, 福井國彦, 河内十郎 監訳 (1997)『左の脳と右の脳 第2版』, 医学書院.

Springer, S. P., Deutsch, G. (1998) "Left Brain, Right Brain: Perspective from Cognitive Neuroscience, 5th ed.", W. H. Freeman.

Walker, S. F. (1980) Lateralization of functions in the vertebrate brain: A review. *Br. J. Psychol.*, **71**, 329-367.

2 海馬とその神経回路およびグルタミン酸受容体

　本章では，海馬神経回路の特徴を理解するのに必要な事柄として，海馬を構成する神経細胞や入出力回路，および海馬シナプスにおいてシナプス伝達に関与している受容体などに関して，基礎的事項を整理しておきたいと思います．

2.1　左右差研究の対称としての海馬

　微視的なレベルで脳の左右差の生物学的基盤を明らかにしようとするとき，何を手掛かり（目印）として左右脳の違いを調べればよいでしょうか．巨視的な左右差研究とは異なる手掛かりが必要であるに違いありません．たとえば，左右の脳半球や特定の機能を担っているとされるある脳領域の大きさや重さ，あるいは神経細胞の数などを指標とすることは容易に思いつきます．またそれらの領域における遺伝子発現の特徴を比較することなども可能かもしれません．しかし，たとえばある動物の脳で特定の機能を担っている領域を正確に特定し，それと反対側の相同部分も含めてそれらを正確に切り出して，その大きさや重さ，または神経細胞の数や遺伝子発現の差異などを正確に計測することは決して容易なことではないでしょう．そのうえ，たとえそれらの指標に有意な差が検出されたとしても，それらの差と脳機能の左右差との間にどのようなつながりがあるのか，その関連性を見出すことはさらに困難だろうと思われます．このように考えると，脳の機能的左右差の原因や形成のしくみを探る研究が長い間困難であったのは，脳のどの領域の何を測ればよいのか，その手掛かりがなかなか見つからなかったことが一つの原因であったろうことは容易に想

像されます.

　次に，脳の左右差をどのようなレベルで検討するかも問題になります．たとえば，特定の神経回路やネットワークの構造に左右の違いを見出せるでしょうか．あるいは，左右脳を構成する神経細胞や，シナプスのレベルで何らかの違いを見出せるでしょうか．さらには，それらを分子レベルで明らかにすることが可能でしょうか．最初からある特定の高次脳機能に関連する左右脳半球の違いを，分子レベルで見出そうと企てるのはあまりに無謀でしょう．また違いがあったにしても，それらの差と脳機能の左右差との間の関連性を見出すことはやはり困難でしょう．過去においてそのような試みはいく度も繰り返されたようですが，成果があったという話は聞きません．したがって，まずは特定の脳領域を対象として，比較的小さく，単純な神経回路の解析から始めるのが現実的ではないでしょうか．それでは，研究対象となりうる神経回路をもつ脳の領域はどのような特徴をもっていることが望ましいでしょうか．これを考えるとき，次の3つの特徴は重要だと思います．

(1) 左右の脳半球に1対存在すること．

　片方の脳半球にのみ存在するような領域の利用も可能性としては考えられます．ですが，できれば両半球に存在し，同一の動物で互いに比較し合うことが可能で，互いに他方のコントロールとして利用できるほうが実験をデザインするうえでは有利でしょう．

(2) 他の脳領域と区別しやすい明確な解剖学的特徴をもっていること．

　他の領域の混入がない，純度の高い試料が容易に得られることは，どのような実験を行うにも有利です．

(3) 特定の高次脳機能における役割が知られていること．

　その脳領域の機能が，動物を用いた行動実験で検証可能であることが望ましいでしょう．

　これらの条件に適合する脳領域としては，海馬，手綱核，および松果体複合体などいくつか挙げることができるでしょうが，なかでも海馬はその構造から機能までよく研究されている脳領域の一つです．

2.2 海馬とその神経回路

　ヒトおよびマウスの脳の模式図を（図 2.1, 2.2）に示します．海馬体 (hippocampal formation) はヒトにおいてもマウスにおいても左右の脳半球に 1 対存在し，両側の海馬体は海馬交連 (ventral hippocampal commissure: VHC) とよばれる神経の束によって連絡されています．海馬体は大脳辺縁系の一部に属しています．ギリシャ神話の海神ポセイドンが乗る馬車を引く半馬半魚の想像上の海獣であるヒポカンポス (hippocampus) の尾に形が似ているとしてこの名が付けられたようです．ギリシャ語で hippo は「馬」, kampos は「海獣」の意のようです．海馬体はさらに, 歯状回 (dentate gyrus), 海馬 (hippocampus), 海馬台 (海馬支脚, subiculum), 嗅内皮質（海馬傍回, entorhinal cortex）の各部に分けられます（図 2.3）．海馬体全体を慣例的に「海馬」とよぶことも多いのですが，厳密には海馬体の一部で錐

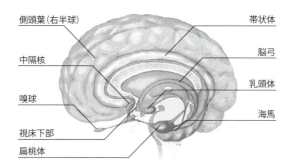

図 2.1　ヒト脳の模式図
　左半球の大脳皮質を取り去り，内部の構造体を見やすくしたイメージ図．

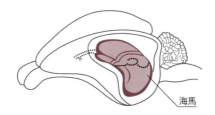

図 2.2　マウス脳の模式図
　左の大脳皮質の一部を取り去り，海馬を見やすく示したイメージ図．

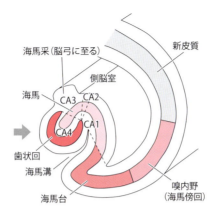

図 2.3　海馬と側頭葉内側皮質の構造
寺島（2011）を改変．

体細胞を含む部位のみを海馬とよびます．海馬体はその特徴ある形状とともに，周りを脳脊髄液で満たされた側脳室（lateral ventricle）によって取り巻かれているため，他の脳領域と明確に区別しやすくなっています．海馬はヒトにおいてもマウスにおいても，新しい記憶の形成に重要な脳領域であることがよく知られています．また，このような海馬の機能は，海馬シナプスがもつ可塑的性質に基づいていること，さらにこの シナプス可塑性（synaptic plasticity）の発現機構に関しても近年かなり詳しく理解されています（小西，彼杵，2011；田村，2011）．海馬は，ヒトにおいては脳全体に対して小さな領域を占めているにすぎませんが，マウス脳では大きな割合を占めており，マウス脳のさまざまな高次機能に関与しているとことが知られています．海馬体はその形状がエジプトの太陽神であるアモンの額にある角（雄ヒツジの角のような形をしている，図 2.4）に似ていることから，別名として アモンの角（Ammon's horn または Cornus ammonis）ともよばれます．海馬の錐体細胞層は CA1 野，CA2 野，CA3 野および CA4 野（area CA1, CA2, CA3 and CA4）に分けられます（図 2.3）が，この CA は上記の Cornus ammonis に由来しています．

マウス海馬における神経細胞の配置と大まかな神経回路を図 2.5 に示します．海馬を構成する主要な神経細胞は 錐体細胞（pyramidal neuron）であり，

図2.4 太陽神アモンの角
　　　古代エジプトの太陽神アモン（Ammon）の額にはヒツジのように渦巻状の角があります．

歯状回は**顆粒細胞**（granule cell）によって構成されています．錐体細胞は樹状突起を細胞体層の両側に伸ばしています．**頂上樹状突起**（apical dendrite）は細胞体の頂点部から発して海馬の深部（中心部方向）へ向かい，**放線（状）層**（stratum radiatum: St. rad），**網状分子層**（stratum lacnosum-moleculare: St. lac）を貫いて伸びています．**基底樹状突起**（basal

---

解説 **可塑的性質（可塑性）**

　可塑性（plasticity）という用語は，一般には聞き慣れない言葉かもしれないので少し説明します．たとえば粘土を指で押すと，押されたところが指の形に変形します．そしてこの変形は，指を離しても元に戻ることはありません．このように形が変わる性質のことを可塑的性質，可塑性といいます．いま，動物にある課題を学習させ，その結果，動物の行動に変化が生じたとき，これは脳の可塑的性質によるものだ，というような使い方をします．このような脳の変化には，その機能に関連した脳神経回路のシナプス伝達が強化されたり，抑制されたりする機能的な変化（機能的可塑性）が原因であることもあるでしょう．または，シナプス結合（あるいはネットワーク）の再配列のような構造的変化の結果である場合もあるでしょう（構造的可塑性）．したがって，単に可塑的変化という場合，これら両方の可能性を含んだ意味で使われることがあることには注意が必要です．

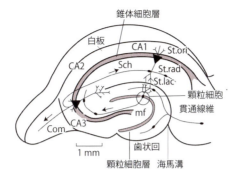

図 2.5　海馬の主要な神経回路
海馬の主要な神経細胞である錐体細胞を黒の三角で，歯状回顆粒細胞を黒丸で，また錐体細胞層および顆粒細胞層を灰色で示しました．矢印は神経活動に伴うシグナルの伝達方向を示しています．Sch: , シャーファー側副枝. Com: , 交連線維. mf: mossy fiber, 苔状線維. St.ori: , 多形細胞層, St.rad: , 放線層, St.lac: , 網状分子層.

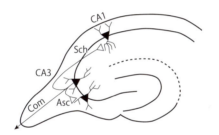

図 2.6　CA3 錐体細胞の主要な出力を示す模式図
CA3 錐体細胞の主要な出力はシャーファー側副枝 (Sch)，交連線維 (Com) および連合線維 (Asc) です．Sch と Asc は，それぞれ同側海馬の CA1 錐体細胞または CA3 錐体細胞にシナプス結合します．一方，Com は反対側海馬の錐体細胞にシナプスを形成します．

dendrite) は細胞体の底辺部から多形細胞層 (stratum oriens: St. ori) に向かって伸びています．

つぎに，海馬 CA3 錐体細胞と CA1 錐体細胞によって構成される神経回路について説明します．海馬 CA3 錐体細胞の主要な出力はシャーファー側副枝 (Shaffer collateral fiber: Sch)，交連線維 (commissural fiber: Com) および連合線維 (associational fiber: Asc) です (図 2.6)．これらの線維は，CA3 錐体細胞を発する 1 本の軸索が枝分かれしたものです．Sch は同側の CA1 錐体細胞に，Asc は同側の CA3 錐体細胞にシナプスを形成します．一方，

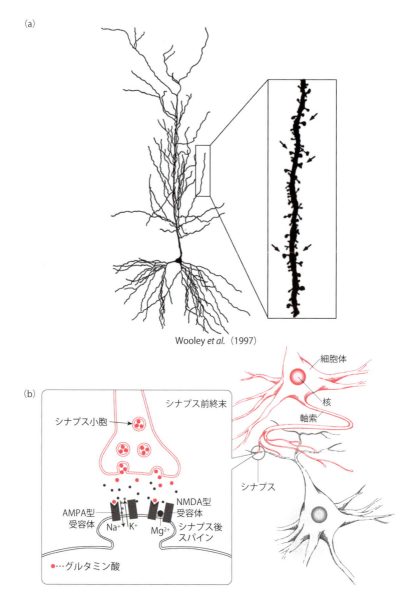

図 2.7 樹状突起上のスパイン（棘突起）とシナプスの模式図
（a）錐体細胞とその樹状突起の一部を拡大して描いたもの．樹状突起上のスパインのいくつかを矢印で示しました．
（b）錐体細胞がシナプスをつくる様子（右），およびシナプスの様子を拡大して描いた模式図（左）です．

Com は反対側の海馬へ達し,反対側海馬の CA1 野および CA3 野の錐体細胞にシナプスを形成します.これらのシナプスは錐体細胞の頂上樹状突起および基底樹状突起にあるスパイン(spine, 棘突起)とよばれる小さな突起の上につくられます(図 2.7).これらのシナプスはいずれもグルタミン酸作動性(glutamatergic)であり,神経終末から放出されるグルタミン酸(glutamic acid: Glu)を受容して機能するグルタミン酸受容体(glutamate receptor)がスパインのシナプス後肥厚部に密集して存在しています.これらのシナプスに存在するグルタミン酸受容体の主要なサブタイプは,AMPA 型および NMDA 型グルタミン酸受容体です.

神経伝達物質としてのグルタミン酸の発見

今日,グルタミン酸が哺乳類の脳における最も一般的で,重要な神経伝達物質であることは広く受け入れられていますが,1954 年,グルタミン酸がイヌの大脳皮質において強い興奮性作用を示すことを示し,この物質が神経伝達物質である可能性をはじめて示唆したのは,当時慶應義塾大学医学部の林 髞(はやしたかし)教授でした.しかし,先生の提案が受け入れられるまでにはその後長い時間を要し,ようやく 1980 年代後半になってグルタミン酸が興奮性の神経伝達物質であることが確立されました.林教授の報告は,神経伝達物質としてのグルタミン酸の興奮性作用を示した最初の報告として重要です.林教授は 1932 年ソビエトに留学し,イヌを用いた古典的条件づけの実験でよく知られている神経生理学者 Ivan Pavlov の最後のお弟子さんとして条件反射理論を学び,日本へ紹介しました.また,林教授はたいへん多才な方で,木々高太郎のペンネームをもつ推理小説作家として,いくつもの作品を残しておられます.探偵小説としてやや低く見られていたこの分野の芸術性を主張し,「推理小説」の名称を提唱されました.昭和 12 年,『人生の阿呆』で第 4 回直木賞.昭和 23 年,『新月』で第 1 回日本探偵作家クラブ賞を受賞されています.

2.3 グルタミン酸受容体

中枢神経系における主要な神経伝達物質であるグルタミン酸を受容し，神経伝達を司るグルタミン酸受容体には大別して 2 つのカテゴリーが存在します．これらは**イオンチャネル型**（ionotropic type）と**代謝調節型**（metabotropic type）の**グルタミン酸受容体**です（図 2.8）．ここでは，海馬シナプスでのシナプス伝達や可塑的性質の発現に重要なイオンチャネル型グルタミン酸受容体について説明します．

イオンチャネル型グルタミン酸受容体は，分子内に伝達物質結合部位とイオンチャネル部位とをもち，受容体イオンチャネル複合体として機能しています．この種のグルタミン酸受容体は，従来その**アゴニスト**特異性に基づいて，**NMDA**（N-メチル-D-アスパラギン酸）型，**AMPA**（$α$-アミノ-3-ヒドロキシ-5-メチルイソキサゾール-4-プロピオン酸）型およびカイニン酸（kainic acid: KA）型に分類されてきました．NMDA 型受容体は他の 2 つとは際立って異なる特徴をもつことから，AMPA 型と KA 型を **non-NMDA 型受容体**と一括してよぶことがあります．cDNA クローニングにより，グルタミン酸受容体タンパク質の一次構造が明らかになるとともに，どの型の受容体もいくつかの

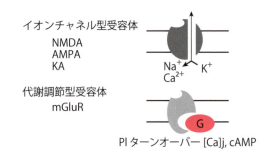

図 2.8　グルタミン酸受容体と 2 つの受容体カテゴリー
　神経伝達物質受容体は機能的特徴をもとに，イオンチャネル型および代謝調節型の 2 つのカテゴリーに大別されます．イオンチャネル型グルタミン酸受容体は，伝達物質であるグルタミン酸が受容体分子の細胞外領域にある受容部位に結合すると，分子内にあるイオンチャネルが開き，イオン電流が流れることによって機能します．一方，代謝調節型グルタミン酸受容体は，受容部位にグルタミン酸が結合すると，G タンパク質を活性化します．受容体と共役している G タンパク質の種類により，ホスファチジルイノシトール代謝回転の促進と細胞内 Ca の動員，あるいは cAMP 合成の促進や抑制など，さまざまな細胞内反応機構が制御されます．

サブユニットの組合せによって構成されていることが明らかになっています．これらのサブユニットはそれぞれ一次構造において異なっています．また，各サブユニットには固有の脳内分布が見られ，発現される時期なども異なることから，グルタミン酸受容体は脳内の部位により，また発達時期によりサブユニット構造を異にする可能性が指摘されていますが，その実態はまだ完全には明らかになっていません．さらに，グルタミン酸受容体の各サブユニットは分子内に4個の疎水性領域（膜貫通領域，M1〜M4）をもちますが，M2領域は膜を貫通しておらず，膜タンパク質としては不規則な膜貫通構造をしていることが知られています（図2.12参照）．

column　mGluR発見秘話

本書ではグルタミン酸受容体の2つのカテゴリーの一つである代謝調節型グルタミン酸受容体に関してほとんど触れていませんが，じつは1987年，筆者らはイオンチャネル型グルタミン酸受容体とは異なり，Gタンパク質を活性化することによって機能するタイプのグルタミン酸受容体が哺乳類の脳に存在することを発見し，これを代謝調節型グルタミン酸受容体（metabotropic glutamate receptor: mGluR）と命名しました（Sugiyama *et al.*, *Nature*, **325**, 531-533 (1987))．ここではその発見に至った経緯を，当事を振り返りつつお話ししようと思います．

当時筆者らはラット脳から抽出したmRNAをアフリカツメガエルの卵母細胞に微量注入し，これを培養することで，ラット脳のさまざまなイオンチャネルや受容体を卵母細胞に移植発現させる実験系を用いて研究を行っていました．後になって振り返れば，この系が細胞内カルシウムによって活性化されるClチャネルにより，大きな振動性の電流応答をひき起こす特性をもっていたことが幸いでした．また同時にさまざまなイオンチャネル型受容体の応答も充分な感度で検出できました．筆者らはこの系を用いてムスカリニックアセチルコリン受容体がある種のGタンパク質を介して機能していることを証明しつつありました．この証明に用いたのが百日咳毒素 (pertussiss toxin) です．当時，百日咳毒素はある種のGタンパク質（GiまたはGo）を特異的に不活性化することが知られていました．しかしこの当時筆者らが入手できた百日咳毒素は6M尿素の溶液となっていました．これを培養液に直接添加して卵母細胞を培養するのは，いかにも非特異的なダメージがありそうに思われました．そこで百日咳毒素の影響を受けな

い別の受容体応答をコントロールとして非特異的なダメージではないことを示そうとしました.

さまざまな受容体アゴニストを探して生理学研究所内を駆け回り,いくつか借り受けてきた試薬のなかにカイニン酸（KA）がありました.KAを灌流投与するとmRNAを注入された卵母細胞はスムースで大きな内向き電流応答を示しました.この応答は少なくとも見た目は振動性の応答をひき起こすGタンパク質共役型の受容体応答とは異なっていましたから,ひとまずこれを用いて実験を進めました.KA応答は良いコントロールレスポンスとして役に立ってくれたのですが,ある日誰かが「カイニン酸って何なんだ」と言い始めました.チームの誰もがそう思ってはいたのですが,うまくいっている目の前の実験を進めることが優先されていました.しかし改めて言われて見ると気になります.KAがある種のグルタミン酸受容体に対する特異的なアゴニストであることは知っていましたが,それ以上知りません.調べてみるとグルタミン酸受容体にはKA型以外にNMDA型,キスカール酸（QA）型があることがわかりました.mGluRが知られていなかった当時は,AMPA型の呼称よりQA型のほうが一般的でした.じゃあグルタミン酸（Glu）やNMDAそしてQAも投与してみようということになり,やってみると,NMDAは小さいけれどKAと同様のスムースな内向き応答をひき起こしました.一方,GluとQAを灌流投与すると,まず小さくスムースな内向き応答が現れ,これに続いて大きな振動性の内向き電流が記録されました.「なんなんだこれは……」.自分たちが見ている現象をどう理解すればよいのか,途方にくれる思いでした.

当時知られていたNMDA型,QA型およびKA型のグルタミン酸受容体は,いずれもイオンチャネル型であることが知られていました.であればGタンパク質共役型受容体に特有の振動性の大きな応答がひき起こされるはずはありません.そのうえ,この応答はGluとQAに対して特異性があり,NMDAとKAでは生じない,すなわちアゴニスト特異性があるようです.ということはおそらくなんらかの受容体応答なのだろうと思われるのですが,なんだかわかりませんでした.急いで目の前のプロジェクトを終わらせ,すぐにこの謎の応答の分析に取りかかりました.とはいっても,それまでにこの種の応答がGタンパク質共役型受容体によってひき起こされることは,ほぼ明らかになっていましたし,この種の分析には経験があり,方法も確立していました.したがって思ったより早く解析は進みました.その結果,この振動性の大きな応答をひき起こす謎の受容体はGluおよびQAなどをアゴニストとし,Gタンパク質の活性化,ホスファチジルイノシトール代謝回転の促進,それに伴うIP3の産生と細胞内Caの動員を経て,最終的にClチャネルの活性化をひき起こす,ある種のグルタミン酸受容体であると考えられる結果を得ました.さらに当時知られていたどのグルタミン酸受容体アンタゴニストもこの受容体には有効ではありませんでした.

これらの結果が一通り得られた頃,九州大学医学部教授であった赤池紀扶先生が生理

学研究所に公演に来られました．先生が以前グルタミン酸受容体の研究をやっておられたことを知っていた筆者は，筆者らの得た結果についてご意見を伺いたいと思い，公演を終えた先生に結果を説明しました．生理学研究所から名鉄東岡崎駅に向かう下り坂を，並んで歩きながら私の説明を聞いておられた先生は，「グルタミン酸受容体応答は，2〜3ミリ秒で脱感作（desensitize）する，知ってるか．そんな受容体が細胞内反応経路を介して機能していると思うか．勘弁してくれ，俺は忙しい」．そう言い残すと，急ぎ足で駅への下り坂を歩いて行かれました．尊敬する先輩生理学者のこの言葉は，さすがに堪えました．しかし実験結果は間違っていないはずです．じゃあどう解釈すればよいのだろうか．よい考えはなかなか浮かびそうにありませんでした．要するに，この時点において，筆者らは自分たちがこれまで知られていなかった新しい受容体を発見したことにまったく気がついていませんでした．そのために，既知のグルタミン酸受容体の機能的特徴や薬理学的特性にまったく当てはまらないこの受容体をもて余していました．目的を異にする実験の過程で偶然気づいた現象を丹念に解析しただけのことで，筆者らはグルタミン酸受容体とその研究分野にまったくの素人でした．そのため，長い歴史をもつグルタミン酸受容体研究の結果確立されてきた既存の概念を信じ込み，自分たちがそれを越える発見をしたなど，夢にも思っていませんでした．そのような混乱を抱えたままの私の説明が，赤池先生をも混乱させてしまったのでした．その後，何度もチーム内で議論を重ねながらまとめた論文においてようやく筆者らは，ラットの脳内にはGタンパク質を活性化することによって機能する，新しいタイプのグルタミン酸受容体が存在すると述べ，この受容体を代謝調節型グルタミン酸受容体（mGluR）と命名しました．そしておそるおそる *Nature* に投稿しました．ですが，意外にも *Nature* からの返事は穏やかで，いくつかの書き直しの要求はありましたが，追加実験の要求はなく，筆者らの主張は認められました．なんだか，ほっとしました．

mGluRを発見してから今年で30年が経過します．この間にmGluRは大きな研究分野として発展し，国内外の学会においても一つの研究領域を構成するようになっています．mGluRの遺伝子もクローニングされ，現在3グループ，8種のサブタイプの存在が知られています．また，それぞれのグループに対して特異的に作用するアゴニストやアンタゴニストも開発されました．このなかで筆者らは，3, 5-ジヒドロキシフェニルグリシン（DHPG）がグループ1 mGluRに対する特異的アゴニストであることを見出しました（Ito *et al.*, *Neuroreport*, **3**, 1013-1016（1992））．この物質は現在もなお同受容体に対する特異的で，強力なアゴニストとして広く研究に利用されています．さらにmGluRの脳神経系における役割に関する研究も進み，これらの受容体はいずれも，学習や記憶に重要なシナプス可塑性やその調節において重要な役割を果たしていることが明らかになっています．

2.3.1　AMPA 型グルタミン酸受容体

　AMPA 型受容体はグルタミン酸作動性シナプスにおいて基本的なシナプス伝達を担っており，この受容体にはグルタミン酸以外に特異的アゴニストとして AMPA やキスカール酸（quisqualic acid: QA）が作用します．代表的なアンタゴニストとしては DNQX（6,7-ジニトロキノキサリン-2,3-ジオン），CNQX（6-シアノ-7-ニトロキノリン-2,3-ジオン）やキヌレイン酸（kynurenic acid）などが知られています（表 2.1）．また，アニラセタム（aniracetam）やサイクロサイアザイド（cyclothiazide）が増強作用示すことが報告されています．AMPA 型受容体には 4 種類（GluR1〜4）のサブユニットがクローニングされており，これらのサブユニットが組み合わされた 4 量体として機能していると考えられています．GluR1,3,4 の homomeric な受容体は電流・電圧曲線が強い内向き整流性を示し（図 2.9），また Ca^{2+} や Mg^{2+} に対しても透過性を示します．ところが，GluR2 のみによる homomeric な受容体の電流・電圧曲線は直線的であり，2 価カチオンを通しません．また，GluR2 と他の

---

column　グルタミン酸受容体サブユニット名の混乱

　代謝調節型グルタミン酸受容体（mGluR）に比べてイオンチャネル型グルタミン酸受容体サブユニットの名称は現在統一されていない，いや，混乱しているといったほうが正しいでしょう．たとえば NMDA 型グルタミン酸受容体では，マウスで GluRζ とよばれるサブユニットは，ラットでは NR1，ヒトでは GRIN1 と命名され，国際薬理学会では GluN1 の呼称を推奨しています．本書では一貫してマウスの NMDA 受容体サブユニット名を使用しました．マウスの NMDA 受容体サブユニットの遺伝子は東京大学の三品昌美先生の研究グループによって最初にクローニングされ命名されており，筆者らも三品先生との共同研究を通して早くからその命名法に基づいた論文を書いてきました．そのため，急に受容体のサブユニットの呼称を変更すると，それに基づいてよび分けられているシナプスの呼称まで影響を受けますし，それは多くの論文読者に無用な混乱を招く恐れがあるからです．このような無用な混乱は，関連分野の多くの研究者にとってまったく迷惑千万であり，速やかに解消されることを希望します．

2.3 グルタミン酸受容体

表2.1 イオンチャネル型グルタミン酸受容体に対して活性をもつさまざまな化合物

サブタイプ名	神経伝達物質	特異的アゴニスト	特異的アンタゴニスト	モジュレーター(増強)
AMPA型	Glu	AMPA QA	拮抗的阻害 DNQX CNQX	アニラセタム サイクロサイアザイド
NMDA型	Glu コアゴニスト Gly	NMDA	拮抗的阻害 D-AP5 (D-APV) Gly結合阻害 7-Cl-キヌレイン酸 受容体チャネル阻害 MK801 Ketamine NR2B(ε2) 特異的 Ro25-6981 Ifenprodil	Spermineなど

Gly: グリシン，D-AP5 (D-APV): D-2-アミノ-5-ホスホノペンタノン酸 (D-2-アミノ-5-ホスホノバレリン酸).

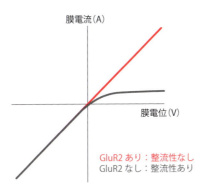

図2.9 AMPA型受容体の電流・電圧曲線 (I-V curve)
受容体を構成するサブユニットとしてGluR2を含むAMPA型受容体の電流・電圧曲線はほぼ直線になり整流性を示しません．一方，GluR2サブユニットをもたないAMPA型受容体の電流・電圧曲線は内向き整流性（電流・電圧曲線が下向きに曲がること）を示します．

サブユニット (GluR1,3,4) を組み合わせた場合にも，内向き整流性やCa^{2+}透過性は見られません（図2.9）．これは，GluR1, 3, 4の第2膜貫通領域 (M2) に存在するグルタミンが，GluR2ではアルギニンであることが原因のようです．実際の中枢神経細胞で観察されるAMPA型受容体応答の多くは直線的な

電流・電圧曲線を示すため，大部分は GluR2 を含む受容体と考えられますが，GluR2 を含まず，Ca^{2+} 透過性をもつ AMPA 型受容体の存在も確認されています．

解説　アゴニストとアンタゴニスト

　神経伝達物質受容体に結合し，伝達物質と同様の作用（受容体の活性化作用）を示す物質を**アゴニスト**（agonist, **作動薬**）といいます．逆に，受容体に結合してそのはたらきを阻害する物質を**アンタゴニスト**（antagonist, **拮抗薬**）とよびます．同じ神経伝達物質によって活性化される受容体にも異なるいくつかのサブタイプが存在する場合があります．これらの識別と分類は，従来それぞれのサブタイプに選択的に作用する，特異的アゴニストやアンタゴニストを用いてなされてきました．このため，サブタイプ名はそれらに特異的に作用するアゴニストの名前でよばれる受容体も多いのです．遺伝子クローニングの技術的発展により，今日ではこのような薬理学的なアプローチによらずとも受容体の分類は可能でしょう．しかし，複雑な神経ネットワークの中で機能している特定の受容体を解析しようとするとき，その受容体に特異的に作用するアゴニストやアンタゴニストは，今日においてもなお，きわめて有用な研究用ツールであることに変わりはありません．

2.3.2　NMDA 型グルタミン酸受容体

　NMDA 型受容体の著しい特徴は，機能的にも構造的にもきわめて多様性に富んでいる点でしょう．NMDA 型受容体は海馬シナプスの**長期増強**（Long-term potentiation: **LTP**）や**長期抑制**（Long-term depression: **LTD**）などのシナプス可塑性の発現に重要です．これらシナプスの可塑的性質は海馬が関与する**学習**や**記憶**の獲得に重要なシナプス特性でもあります．また，NMDA 型受容体は発達初期の脳におけるシナプス形成にも関与することが指摘されており，さらに病理的な状況下において神経細胞死を誘導することなども知られています．

解説 長期増強と長期抑制

　長期増強と長期抑制は，中枢神経シナプスの可塑的性質の代表例です．長期増強は，シナプス前線維に短時間（1秒程度）の誘導刺激を与えることにより，シナプス伝達が長時間にわたって強化（促通）される現象です．中枢神経系のさまざまなシナプスにおいて観察される現象ですが，海馬シナプスの長期増強が最もよく研究されています．このような海馬シナプスの可塑的性質は，海馬が関与する学習や記憶の形成において重要なシナプス特性であることが明らかになっています．

　一方，長期抑制はシナプス伝達が長時間にわたって抑制される現象です．海馬シナプスや，小脳のプルキンエ細胞シナプスにおける長期抑制がよく研究されています．小脳では，プルキンエ細胞に入力する延髄の下オリーブ核からの登上線維と小脳顆粒細胞からの平行線維が同期して活動すると，平行線維–プルキンエ細胞間のシナプス伝達に長期抑制が生じます．この長期抑制こそ小脳が関与する運動学習の神経基盤であると考えられています．

A. NMDA 型受容体の機能的特徴

　NMDA 型受容体には，伝達物質であるグルタミン酸のほかに NMDA が特異的アゴニストとして作用し，D-AP5（D-2-アミノ-5-ホスホノバレリン酸）が特異的な競争的阻害剤として作用します（表 2.1，図 2.10）．また，Ro 25-6981 や Ifenprodil が非競争的阻害剤として ε2 サブユニット特異的に阻害効果を示し，また MK-801 が NMDA チャネルの阻害剤として作用します．さらに，Spermine などのポリアミン類がモジュレーターとして増強作用を示すことが知られています．

　NMDA 型受容体には際立った 3 つの特徴があります．第一は，NMDA チャネルが膜電位依存性に Mg^{2+} によって阻害されることです（図 2.11）．この阻害効果は μM の濃度から見られるため，生理的条件下，静止膜電位付近（-90 mV 程度）では受容体にグルタミン酸が結合しても NMDA チャネルはイオンをほとんど通しません．膜電位が脱分極することによりこの阻害が解除され，NMDA チャネルはイオンを通すようになります．第二は，この受容体チャネルが 1 価カチオン（Na^+, K^+）以外に，2 価カチオンである Ca^{2+} をよく通す性質があることです（図 2.11）．この性質は長期増強など，シナプスの

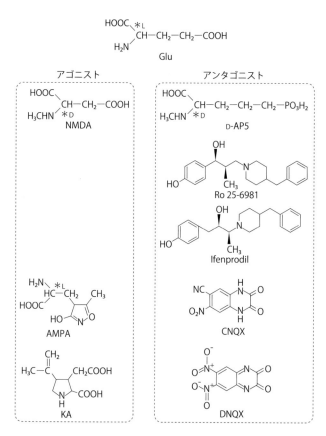

図2.10 グルタミン酸受容体に作用するさまざまな化合物の構造式

可塑性発現のためにきわめて重要です．第三は，この受容体がグルタミン酸結合部位とともにグリシン結合部位をもち，活性化にはコアゴニストとしてグリシン（glycine: Gly）を必要とすることです（表2.1，図2.12）．伝達物質であるグルタミン酸が結合するだけではNMDA型受容体は充分に活性化されず，グリシンがともに作用することにより受容体は高い活性を発揮することができます．

2.3 グルタミン酸受容体

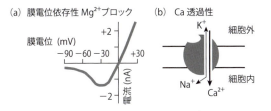

図 2.11　NMDA 型受容体チャネルの特徴
　(a) NMDA 型受容体の電流・電圧曲線です．膜電位依存性の Mg^{2+} ブロックにより，NMDA チャネルは静止膜電位付近では，アゴニストが結合してもあまり電流が流れません．しかし膜が脱分極すると，Mg^{2+} ブロックがはずれて電流が流れるようになります．このため電流・電圧曲線が J 形（釣り針形）となります．
　(b) NMDA 型受容体チャネルが 1 価のカチオンである Na^+ と K^+ 以外に Ca^{2+} に対して高い透過性をもつことを示しています．したがって，NMDA 型受容体が活性化されると細胞内 Ca^{2+} 濃度が上昇します．

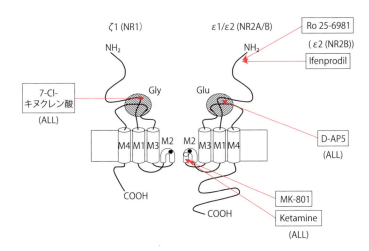

図 2.12　NMDA 型受容体サブユニットの立体構造とさまざまな化合物の作用部位
　NMDA 型受容体を含め，グルタミン酸受容体の各サブユニットは分子内に 4 個の膜貫通領域（M1〜M4）をもちますが，M2 領域は膜を貫通しておらず，膜タンパク質としては不規則な膜貫通構造をしています．(ALL) はすべての NMDA 受容体に有効であることを示します．(ε2(NR2B)) は ε2 サブユニット選択的であることを示します．

解説　静止膜電位，脱分極，過分極

　神経細胞に限らずすべての細胞は細胞の内側と外側の間に数十 mV の電位差（膜電位）をもっています．通常，内側が外側に対して低い電位にあり，外側を 0 mV とすると細胞内は −70 〜 −90 mV 程度となっています．興奮性をもつ

神経細胞の場合，活動電位（action potential）を発生することができますが，活動電位を発生していない状態のことを静止状態といい，このときの膜電位を静止膜電位（resting potential）といいます．この静止膜電位が 0 mV に向かって変化する（膜電位が浅くなる）ことを脱分極（depolarization），逆により大きなマイナスの電位に変化する（膜電位が深くなる）ことを過分極（hyperpolarization）といいます．

B. NMDA 型受容体の構造的特徴

　NMDA 型受容体を構成するサブユニットとしては ζ および ε が知られ，ζ サブユニットと ε サブユニットからなるヘテロオリゴマーとして機能していると考えられています（図 2.12）．ζ サブユニットは NR1 サブユニット，ε サブユニットは NR2 サブユニットともよばれます．

　ζ サブユニットにはスプライシングバリアントが存在しますが，遺伝子としては 1 種類のみが知られています．ε サブユニットには 4 種類の異なるサブタイプ（ε1〜ε4，または NR2A〜NR2D）が存在し，それらは脳内における発現部位や発現時期が異なっています．たとえば図 2.13 に示すように，成熟マウスの海馬には，ζ1，ε1 および ε2 サブユニットが発現していますが，ε3 や ε4 サブユニットの発現は見られません．また，ζ1 および ε2 サブユニットは胎生期初期から成熟個体にいたるまで発現されていますが，ε1 サブユニットは胎生期には発現が見られず，生後急速に発現されるいわば adult 型のサブユニットです．このような事実から，NMDA 型受容体は脳内の部位により，また発達段階によって異なるサブユニット構造を取りうると考えられているのです．しかし残念ながら，シナプスにおいて実際に機能している NMDA 型受容体のサブユニット構造に関しては現在もなお明らかでありません．また，一つのシナプスの中にサブユニット構造が異なる数種類の NMDA 受容体が存在している可能性も考えられます．NMDA 型受容体を構成するサブユニットの数に関しては，当初 5 量体で機能していると考えられていましたが，最近は 4 量体説が有力のようです．しかし，4 量体説を裏づける決定的な証拠が提出されたとは聞きません．non-NMDA 型受容体が 4 量体であることからそのように解釈されているのかもしれません．しかし，この問題の解決にこれほどの

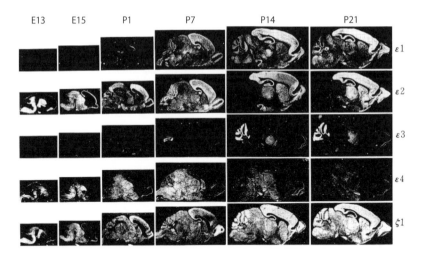

図 2.13　NMDA 型受容体サブユニットの発現時期と脳内分布
マウス脳における NMDA 型受容体サブユニット発現分布を *in situ* ハイブリダイゼーションにより解析したものです．E および P はそれぞれ胎生期（embryonic days）および出生後（postnatal days）の日数を表します．写真で白い部分がサブユニット mRNA の発現量が多いことを示しています．P21 の脳で中央上部に渦巻き様に見える部分が海馬です．Watanabe *et al.*（1992）を改変．

時間を要し，今なお決着を見ないことを思うと，4量体および5量体のいずれもが可能であるのかもしれません．

　伝達物質であるグルタミン酸の結合部位は ε（NR2）サブユニットに存在し，コアゴニストであるグリシンの結合部位は ζ1（NR1）サブユニットにあります（図 2.12）．ε サブユニットにはポリアミンや Zn^{2+} などの結合部位もあります．ε2 サブユニットには Ro 25-6891 や Ifenprodil などの ε2 サブユニット選択的阻害剤の結合部位も存在します．NMDA 型受容体サブユニットの第2膜貫通領域（M2）に存在するアスパラギン残基をグルタミンに置換することにより，NMDA 型受容体チャネルの膜電位依存性の Mg^{2+} による阻害や，Ca^{2+} 透過性が大きく変化することも知られています．

▶▶▶ Q & A ◀◀◀

Q この章で述べられている海馬の基本回路は哺乳類では共通と理解されます．鳥類や爬虫類ではどのようになっているのでしょうか．

A 海馬の基本回路は哺乳類間で共通ではないようです．哺乳類の脳には，海馬や扁桃体など多くの共通した脳領域は存在しますが，それらの神経回路まで解剖学的に類似しているかというと，そうとも限らないようです．海馬を例にしますと，マウスでは海馬は左右の脳に1対存在します．本文でも説明しましたように，左右の海馬錐体細胞は交連線維とよばれる出力線維を，左から右，あるいは右から左へと反対側へ投射し，左右の海馬を連絡しています．ですが，このように発達した交連線維をもっているのはマウスやラットなど齧歯類海馬の特徴であるようで，サルやヒトの海馬に交連線維はほとんどないといわれています．すなわち，サルやヒトの海馬神経回路は齧歯類よりも単純な構成になっているようです．

　鳥類の脳に関してですが，そもそも鳥類の脳には脳梁がなく，左右脳の独立性がきわめて高いことが知られています．とくに雛鳥で著しいといわれ，左右脳が独立に眠るのではないかといわれるほどです．また渡り鳥は，渡りの間，左右の脳が交互に眠っているともいわれています．鳥類にも海馬は存在しているようですが，存在している場所は哺乳類とは随分異なり，大脳背内側部にある小さな領域がそれに当たるようです．左右の海馬も直接の線維連絡はないようです．

　爬虫類についてはまったく情報をもちません．

参考文献

Cull-Candy, S. G., Leszkiewicz, D. N. (2004) Role of distinct NMDA receptor subtypes at central synapses. *Sci STKE*, **2004**, re16.

Johnson, D., Amaral, D. G. (2004) Hippocampus. in "The Synaptic Organization of the Brain, 5th ed", Ed. by Shepherd, G. M., pp.455-498, Oxford University Press.（邦訳サイト，http://gaya.jp/research/hippocampus.htm）

小西史朗，彼杵 隆（2011）長期増強（LTP）と長期抑制（LTD）の細胞・分子機構．*Clin. Neurosci.*, **29**(7), 749-754.

Paoletti, P., Neyton, J. (2007) NMDA receptor subunits: Function and pharmacology. *Curr. Opin. Pharmacol.*, **7**, 39-47.

Shipton, O. A., Paulsen, O. (2014) GluN2A and GluN2B subunit-containing NMDA receptors in hippocampal plasticity. *Philos. Trans. R. Soc. Lond. B, Biol. Sci.*, **369**: 20130163. doi: 10.1098/rstb.2013.0163.

田村了以（2011）海馬での可塑性. *Clinical Neuroscience*, **29**(7), 773-776.

寺島俊雄（2011）『神経解剖学講義ノート』, p.146, 金芳堂.

Traynelis, S. F., Wollmuth, L. P., McBain, C. J., Menniti, F. S., Vance, K. M., Ogden, K. K., Hansen, K. B., Yuan, H., Myers, S. J., Dingledine, R. (2010) Glutamate receptor ion channels: Structure, regulation, and function. *Pharmacol. Rev.*, **62**, 405-496. doi: 10.1124/pr.109.002451. Review. Erratum in: *Pharmacol Rev.*, **66**(4): 1141. PubMed PMID: 20716669; PubMed Central PMCID: PMC2964903.

Watanabe, M., Inoue, Y., Sakimura, K., Mishina, M. (1992) Developmental changes in distribution of NMDA receptor channel subunit mRNAs. *Neuroreport*, **3**, 1138-1140.

Woolley, C. S., Weiland, N., McEwen, B. S., Schwartzkroin, P. A. (1997) Estradiol increases the sensitivity of hippocampal CA1 pyramidal cells to NMDA receptor-mediated synaptic input: correlation with dendritie spine density. *J. Neurosci*, **17**, 1848-1859.

3 海馬神経回路の非対称性

本章ではマウス海馬神経回路の非対称性がどのようにして明らかにされたのか，それはどのような特徴をもつものなのか，などについて解説します．

3.1 海馬交連切断マウス

前章において，NMDA 型受容体の構造には多様性があり，さらに同一のシナプスにおいてもマウスの発達段階でサブユニット構造の異なる NMDA 受容体が存在する可能性があることなどを説明しました．また，海馬のシナプスに関しても，錐体細胞の頂上樹状突起に形成されるものや基底樹状突起につくられるもの，さらには同側の CA3 錐体細胞からのシャーファー側副枝が形成するシナプスや反対側 CA3 錐体細胞からの交連線維がつくるシナプスなどがあり（図 3.1），これらのシナプスがその形態や機能において，すべて同じ性質をもつとはかぎりません．このように，海馬神経回路内のシナプスやそこで機能している受容体の特性を詳しく知るためには，可能なかぎり異なる種類のシナプスが混在するような状況を避け，1 種類の入力のみによって構成されたシナプスを対象に分析を行う必要があります．そのために，筆者らは海馬交連を切断することによって反対側入力である交連線維を切断除去し，同側入力であるシャーファー側副枝がつくるシナプスのみからなる海馬を得ることができないかと考えました．図 3.2 にこの手術の様子を示します．

麻酔したマウスを脳定位固定装置に固定します．頭骨に小さな孔を開け，小さく折り取ったカミソリの刃をマニピュレーターで操作しながら，脳の正中で

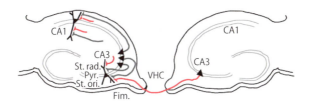

図 3.1　海馬錐体細胞への入力の様子を示す模式図
海馬の錐体細胞を黒の三角で示しました．同側の錐体細胞からの入力をグレーで，反対側海馬からの入力を赤色で示しました．個々の錐体細胞は，その頂上樹状突起にも基底樹状突起にも，同側および反対側からの入力がシナプス結合しています．St. rad: 放線層，Pyr: 錐体細胞層，St. ori: 多形細胞層，Fim: 海馬采，VHC: 腹側海馬交連（ventral hippocampal commissure）．

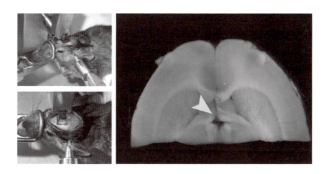

図 3.2　腹側海馬交連切断法（ventral hippocampal commissure transection: VHCT）
左の 2 枚の写真は，マウス脳の正中で海馬交連を切断している様子を示しています．マウスを脳定位固定装置に固定し，小さなカミソリの刃をマニピュレーターで操作して海馬交連を切断します．右は VHCT マウス脳の水平切断（horizontal section）で，矢頭は切断された VHC を示しています．

海馬交連を切断します．当初，筆者らはこの手法を京都大学医学部におられた玉巻伸章先生（現 熊本大学大学院教授）にご指導いただき導入することができました．このような手術を行ったマウスを腹側海馬交連切断マウス（ventral hippocampal commissure transected mouse: VHCT マウス）とよんでいます．VHCT マウスでは，術後 4～5 日経過すれば，海馬交連線維とそのシナプスは完全に機能しなくなります（図 3.3）（Kawakami *et al.*, 2003）．一方，同側入力のシナプスは術後も正常に機能します．また，VHCT マウスは術後も元気に生育し，雌雄を掛け合わせれば子どもも生まれます．

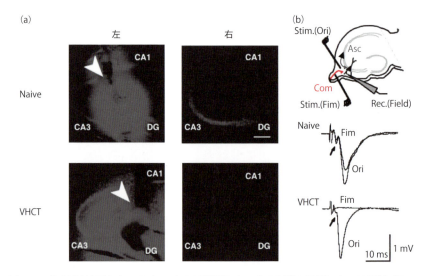

図 3.3 海馬交連切断（VHCT）による反対側入力の完全断離と同側入力には影響がないことを示す実験結果

（a）マウスの左海馬に逆行性蛍光色素である fast blue を微量注入すると，手術をしていない Naive マウスでは右海馬 CA3 錐体細胞の細胞体が fast blue によって染色されます（右の写真では明るく見えます）．しかし，VHCT マウスでは，交連線維が切断されているため，蛍光色素の逆行性輸送が起こらず，右海馬の CA3 錐体細胞が染色されません（全体が暗く，明るいところがありません）．CA1, CA3: CA1 野，CA3 野，DG: 歯状回．矢頭は fast blue の注入部位を示しています．スケールバー: 200 μm．

（b）海馬 CA3 野の多形細胞層（Ori）から細胞外誘導法（Rec.(Field)）（上段）を用いて集合電位度を記録します．手術をしていない Naive マウスの海馬スライスでは，多形細胞層で電気刺激を行うと（Stim.(Ori)），CA3 錐体細胞の基底樹状突起にシナプスを形成する連合線維（Asc）および交連線維（Com）が活性化され，中段のように presynaptic fiber volley（PFV，矢印）を伴う大きな集合 EPSP（field EPSP: fEPSP）が記録されます（Ori）．一方，海馬采で電気刺激を行う（Stim.(Fim)）と Com が活性化され，やはり PFV（矢印）を伴う fEPSP が記録されます（Fim）．しかし，下段の VHCT マウスの海馬スライスの場合，Stim.(Ori) では PFV（矢印）を伴う大きな集合 EPSP が記録されます（Ori）が，Stim.(Fim) では刺激強度を上げてもなんら応答が記録されません（Fim）．

3.2　海馬神経回路の非対称性

　VHCT マウスの海馬を用いることによって，1 種類の入力のみによって構成されたシナプスを対象にさまざまな分析を行うことが可能になりました．そこで筆者らは，海馬シナプスの NMDA 型受容体応答（NMDA EPSC）の薬

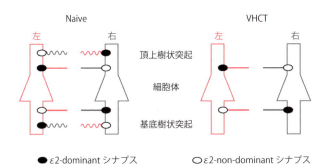

図 3.4 海馬神経回路の非対称性を表す模式図
左の錐体細胞とその軸索を赤で，右のそれらをグレーで示しました．直線は同側入力を，波線は反対側入力を表しています．Naive: 手術をしていないマウス，VHCT: VHCT マウス．VHCT マウスでは反対側入力（波線）がなくなっていることに注意してください．

理学的特性や，シナプス可塑性の生後発達，および NMDA 型受容体 ε2 サブユニットのシナプス分布などを分析しました（Kawakami *et al.*, 2003）．その結果，成熟マウスの海馬 CA1 錐体細胞と CA3 錐体細胞によって構成される神経回路には，NMDA 型受容体 ε2 サブユニットのシナプス分布（分布密度）が異なる 2 種類のシナプスが存在することがわかりました．これらは，ε2 サブユニットの分布が多い（分布密度が高い）*ε2-dominant シナプス*（●）と，ε2 サブユニットの分布が少ない（分布密度が低い）*ε2-non-dominant シナプス*（○）です（図 3.4）．成熟マウスの海馬では互いに性質の異なるこれら 2 種類のシナプスが，シナプス後細胞である CA1 錐体細胞の細胞極性（頂上樹状突起と基底樹状突起の違い）およびシナプス前線維を送る CA3 錐体細胞が左右どちらの海馬に存在するかに依存して，神経回路内に非対称に配置されています．図 3.4 の模式図では，左海馬の錐体細胞とその軸索を赤色で，右のそれらをグレーで示しました．直線は同側入力（Sch）を，波線は反対側入力（Com）を表しています．手術を行っていない Naive マウスの海馬では，ε2-dominant シナプスおよび ε2-non-dominant シナプスが左右どちらの海馬においても錐体細胞の頂上樹状突起，および基底樹状突起に配置されているために，回路の非対称性を検出することは困難です．しかし，VHCT マウス（VHCT）では反対側入力（波線）が除去されているため，同側入力によって構成されるシナプスの特性と 2 種類のシナプスの非対称な配置がはっきりと

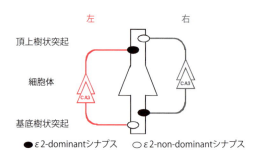

図 3.5　海馬神経回路の非対称性，入力を中心とした表現
このモデルでは，シナプス後細胞は左右どちらにあってもかまわないので，真ん中に黒い線で描きました．左の錐体細胞とその軸索を赤で，右のそれらをグレーで示します．この表現では同側入力，反対側入力の区別はありません．

現れます．また，VHCT マウスと手術を行っていない通常のマウス（Naive マウス）を比較することで，反対側入力は同側入力とは逆の非対称性をもっていることもわかりました（Kawakami et al., 2003）．さらに，Naive マウスの神経回路は次のような特徴をもっています．まず，左 CA3 錐体細胞からの入力（赤線，波線か直線かは問わない）によって構成される ε2-dominant シナプス（●）は左右どちらの海馬においても頂上樹状突起に形成されています．一方，右 CA3 錐体細胞からの入力（グレーの線，波線か直線かは問わない）によって構成される ε2-dominant シナプス（●）は，左右どちらの海馬においても基底樹状突起に形成されます．ε2-non-dominant シナプス（○）の配置はこの逆になっています．この様子を強調するために，入力を中心にこのモデルを描き直したのが図 3.5 です．図 3.5 では，CA1 錐体細胞は左右どちらの海馬に存在してもかまわないので，中央に黒の輪郭で表しました．左の CA3 錐体細胞からの入力は，頂上樹状突起に ε2-dominant シナプス（●）を基底樹状突起に ε2-non-dominant シナプス（○）を形成します．一方，右 CA3 錐体細胞からの入力は頂上樹状突起に ε2-non-dominant シナプス（○）を，基底樹状突起に ε2-dominant シナプス（●）を形成します．この事実は，左右の CA3 錐体細胞はシナプス形成に関連して互いに異なる性質をもっていることを示唆しています．また，CA1 錐体細胞の頂上樹状突起と基底樹状突起もシナプス形成に関して異なる特性をもっているに違いありませ

ん．さらに，CA1錐体細胞は機能特性の異なる2種類のシナプスの特異的な配置を手掛かりとして，入力シグナルの起源が脳の右にあるのか左にあるのかを知ることが可能であるかもしれません．

column 海馬神経回路の非対称性発見秘話

●はじまり

　そもそも私たちは，マウスの脳において記憶を司る海馬を実験材料に研究を行っていました．海馬シナプスの機能や，そこで情報を伝える神経伝達物質，それを受け取る受容体の性質などを調べていました．研究を進めるうちに，海馬には機能的な性質が異なる何種類かのシナプスがあるらしいことに気づきました．けれども，それをはっきりさせるためにはどうすれば良いのでしょう……．思い悩んでいたある朝，ふと，自分たちが常に左の海馬だけを使って実験していたことに気がつきました．私たちの方法では，海馬を薄くスライスする際，脳をしっかりと固定するために右脳が傷つけられ，サンプルとして使い物にならなくなってしまうためでした．「ともかく右の海馬も試してみよう．」すると驚いたことに，結果は左の海馬とはまったく異なってしまったのです．しかし，残念ながら，海馬の複雑な神経回路をもう少し簡単にしなければ，これ以上分析のしようがないように思われました．

　その年の夏，大阪で開かれた神経科学会で玉巻伸章先生（当時 京都大学医学部解剖学，現 熊本大学医学部教授）と偶然に知り合いました．玉巻先生は神経線維の再生を研究する目的で，海馬交連切断法（VHCT法）を開発しておられました．この方法を用いれば，海馬の神経線維のうち，海馬の右半分から左半分へ，あるいはその逆へといった，反対側入力である交連線維を切断除去することができます．そうすれば，海馬の神経回路が単純になります．しかし，開発者である玉巻先生ご自身は，この方法を用いて行った研究報告をまだ発表しておられないとのことでした．にもかかわらず，「いつでも結構です．研究室に来て下さい．難しいことはないので，すぐできますよ」と惜し気もなく私たちにその秘技を伝授して下さいました．この技術は，その後のわれわれの研究において最も重要な要素技術となり，海馬神経回路の非対称性を明らかにすることに絶大な威力を発揮しました．

　数年後，研究がほぼまとまった頃に，データを持って先生を訪ねました．説明を聞いておられた先生は嬉しそうに，「いやぁ，いいですね！　非対称性ねぇ．実は僕も興味はあったんですよ．」その日，二人で脳の非対称性について語り合いました．先生は実に詳しく，そして，しっかりとした哲学をもっておられることに感服しました．

● 発見

　VHCT法を得て，私たちはこの不可解な現象に本格的に取り組むことができるようになりました．実験は順調に進みました．技術的な問題はいくつも出てきましたが，乗り越えられないものではありませんでした．ただ，想像を超える結果の複雑さに，私たちは混乱しました．今日測定したのが右の海馬だったか，左の海馬だったかといった単純なことすら，間違っていないか不安になりました．少しずつ出てくる実験結果を睨みながら海馬神経回路のモデルをいくつも書いてみました．それらがことごとく自分たちの実験によって覆されていきました．「人智を超えた世界が確かにある．」次第にそんな気持ちになりました．自分たちがなにかを明らかにしているというより，何者かに導かれているような，真実を手にする者として選ばれてしまったような，そんな気持ちにもなりました．実験を始めて2年が過ぎた頃，海馬神経回路の機能的非対称性の全体像が，ようやく明らかになりました．「きれいだな」と思いました．

　ようやく手にした生理学的な解析結果をもとに，論文を書く準備を始めました．ちょうど春の生理学会が近づいていたので，研究者仲間の反応を知っておきたいと思い，ポスター発表をすることにしました．意気揚々と会場となる京都へ向かいました．ところが，研究者たちの反応は冷ややかでした．はっきりとは言いませんが，その態度には，「そんなばかな！」という気持ちが表れていました．

　自分たちが納得できるまで何度も同じ実験を繰り返して得た結果です．データには自信がありました．第一このような現象を生理学的な方法以外で見つけだすことができるのでしょうか！　およそ科学的でない，一種の驕りがありました．それが木っ端みじんに砕かれました．そんな失意の私に，声をかけて下さった二人の研究者がおられました．一人は，九州大学医学部生理の赤池紀扶教授（当時）です．私のポスターをじっと見ておられた先生は，「伊藤君，これは発展するねぇ．いやぁ，難しいことを始めたもんだが……頑張れよ！」その言葉の深い意味を後で痛いほど思い知らされることになろうとは気づかず，その時は，ただ，ありがたく思いました．

　もう一人は，京都大学医学部の久野 宗名誉教授（生理学，故人）です．ポスターを見ながらいくつかの質問をされた後，「伊藤さん，生理学研究所の重本さんを知っていますか？　彼に相談してみませんか．きっと力になってくれますよ．解剖学的な確認はやはり必要でしょう．彼はうまいですよ」と言われました．

　いつもながらの紳士的で優しい物腰ながら，その言葉には"このままでは論文にはならない"ことを私にはっきりと自覚させる力がありました．久野先生にはその後，一方ならぬお世話になりました．投稿前の論文の原稿も読んで下さいました．数日と待たず送り返されて来た原稿は，私の書いた文章を探し出すのが困難なほどに書き直されていました．先生はそれでもなお心配がぬぐえなかったらしく，いくつものコメントが添えられていました．その的確さは，後に投稿した論文の審査の過程で編集者などから受け

た指摘のほとんどが，すでにその中に含まれていたことからも明らかです．感動しました．遠い将来であってもいい，私はこれだけの知性とこれだけの誠実さで，人と向き合えるようになれるだろうか……．いただいた修正原稿を前に，心が震えました．

　久野先生とお話しした翌日，学会に来ておられた生理学研究所の重本隆一教授（解剖学 当時）と連絡が取れました．私たちが宿泊していたホテルにお越しいただき，すべての実験結果を説明しました．私は先生に，電子顕微鏡で神経伝達物質受容体を調べて，われわれの結果を確認していただけないかとお願いしました．しかし，「問題のシナプスタンパク質は検出すること自体が困難で，まだ世界中で誰も定量的な解析には成功していないと思います．お引き受けできるかどうか，難しい判断ですねぇ．」目の前が暗くなりました．もう学会どころではない，ホテルを引き払い，下りの新幹線に乗りました．なにも考えられませんでした．

　京都から帰って3週間が過ぎようとした頃，重本先生から電話をいただきました．「先日の件ですが，問題のタンパク質を生化学的に測定してみてはどうかと思うんです」とのことだしました．

　生化学的測定とは，生理学的記録をとった領域を海馬スライスから切り出して，これをきれいに精製し，抗体を使ってタンパク質を調べるという単純な実験です．しかし，わずかな試料を使って，たかだか 1.5 倍程度の差を検出することは，容易ではなかったようです．1 年以上の実験期間を要しはしましたが，海馬神経回路の機能的な非対称性が，NMDA 型受容体を構成する NR2B サブユニットの非対称なシナプス分布によることが，見事なデータで示されました．

　このとき，脳の左右差が初めて分子レベルで証明されました．本当にうれしく思いました．

（九大広報，31 号，2003 年 9 月より一部改変）

3.3　ε2-dominant および ε2-non-dominant シナプスの機能的・構造的差異

　ここでは，海馬神経回路の非対称性のもとになっている 2 種類のシナプスについて，その機能や構造における特徴を詳しく解説します．表 3.1 に両者のさまざまな特性における差異をまとめました．

3.3.1　シナプス NMDA 型受容体応答の薬理学的特性における差異

　ε2 サブユニット選択的阻害剤である Ro 25-6981 に対して，ε2-dominant シナプスの NMDA 型受容体応答（NMDA EPSC）は，ε2-non-dominant シ

表3.1 2種類の海馬シナプスの特性

シナプスの特性	ε2-dominant シナプス	ε2-non-dominant シナプス
ε2 サブユニットのシナプス分布密度	高い	低い
NMDA EPSC の Ro 25-6981 感受性	高い	低い
LTP の生後発達	早い	遅い
シナプス可塑性の刺激周波数依存性（閾値）	低い刺激周波数で誘導される（閾値が低い）	やや高い刺激周波数で誘導される（閾値がやや高い）
シナプスの大きさ	小さい	大きい
GluR1 サブユニットのシナプス分布密度	低い	高い

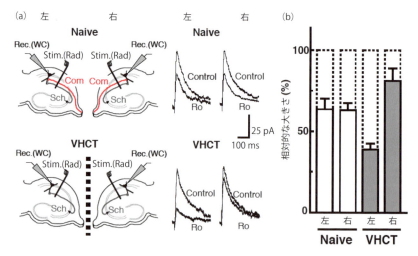

図3.6 海馬錐体細胞の頂上樹状突起シナプスにおける NMDA EPSC に対する Ro 25-6981 の抑制効果

(a) の模式図は，CA1 錐体細胞の頂上樹状突起への入力と電極配置を示しています．手術を行っていない Naive マウスおよび VHCT マウスから調製した海馬スライスを用い，CA1 錐体細胞からホールセル記録を行いました（Rec.(WC)）．電気刺激は放線層（stratum radiatum）で行っています（Stim.(Rad)）．中央の記録波形は，Control が Ro 投与前，Ro が 0.6 μM の Ro 25-6981 を 60 分投与した後の NMDA EPSC を示しています．

(b) の棒グラフには，Ro 25-6981 投与後の NMDA EPSC の大きさを投与前の応答（Control）に対する相対的な大きさで表しています．Naive マウスでは Ro 25-6981 による抑制の程度に左右で差は見られませんが，VHCT マウスから調製したスライスでは Ro 25-6981 感受性に左右差が見られます．VHCT マウスからの海馬スライスにおける，左が ε2-dominant シナプス，右が ε2-non-dominant シナプスです．

ナプスの NMDA EPSC よりも高い感受性を示します（図 3.6）．ε2 サブユニット選択的阻害剤である Ro 25-6981 が ε2 サブユニットの分布密度が高い ε2-dominant シナプスに対してより強い抑制効果を示すのは当たり前のように思われるかも知れませんが，少し説明を加えます．成熟マウスの海馬には，ζ1，ε1 および ε2 サブユニットが発現しています．3 種類のサブユニットがいずれのシナプスにも発現していることから，受容体分子内に ζ1 サブユニットと ε1 サブユニットを含む ζ1/ε1 型のほか，ζ1/ε2 型および ζ1/ε1/ε2 型の受容体がそれぞれのシナプスに混在していると予想されます．今のところ，ζ1 サブユニットと ε1 サブユニットにはシナプスによる分布量の差は検出されていません（Kawakami *et al*., 2003; Shinohara *et al*., 2008）．したがって，ε2-non-dominant シナプスと比べて ε2 サブユニットの分布が多い ε2-dominant シナプスには ζ1/ε2 型の受容体の数が相対的に多いと考えられます．このために ε2-dominant シナプスの NMDA EPSC が Ro 25-6981 に対してより高い感受性を示すのだと考えられます．

3.3.2 可塑的性質に見られる差異

　ε2-dominant シナプスと ε2-non-dominant シナプスの長期増強（LTP）の生後発達を比較すると，ε2-dominant シナプスの可塑的性質のほうが生後早くに発達します（図 3.7）（Kawakami *et al*., 2003; Kawakami *et al*., 2008）．このことは次のように説明できます．前章で述べたように，成熟マウスの海馬には，ζ1，ε1 および ε2 サブユニットが発現していますが，胎生期から生後 1 週間くらいまでの時期では ε1 サブユニットの発現はほとんどないか，あってもごく少ないと思われます（図 2.13 参照）．したがってこの時期の海馬シナプスで機能している NMDA 型受容体のサブユニット構成は，ほぼすべて ζ1/ε2 型であると予想されます．したがって，2 種類のシナプスに対する ε2 サブユニットの分布量の差は，そのシナプスで機能している NMDA 型受容体の数の差になります．すなわち，生後 1 週間程度の時期では，機能しうる NMDA 型受容体の数が ε2-dominant シナプスのほうが ε2-non-dominant シナプスよりも多いことになります．このため ε2-dominant シナプスのほうが LTP をより起こしやすいのでしょう．

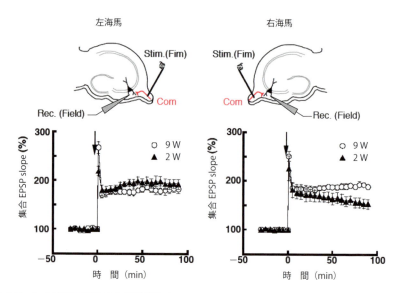

図 3.7　シナプス可塑性の生後発達速度
生後 2 週齢（2 W）と 9 週齢（9 W）の野生型マウスから調製した海馬スライスを用い，100 Hz，1 秒間の高頻度刺激（矢印，時間 0 min）によって誘導される長期増強（LTP）の大きさを比較しました．CA3 錐体細胞の基底樹状突起に入力する交連線維（Com）を電気刺激し（Stim.(Fim)），CA3 野の多形細胞層から細胞外誘導法により集合 EPSP を記録しました（Rec.(Field)）．Com は反対側海馬からの入力なので，左海馬の場合が ε2-dominant シナプス，右海馬が ε2-non-dominant シナプスにおける記録になります（図 3.4，3.5 参照）．左海馬（ε2-dominant シナプス）の場合は 2 週齢と 9 週齢で LTP の大きさに有意な差は見られませんが，右海馬（ε2-non-dominant シナプス）では 9 週齢に比べて 2 週齢の LTP は有意に小さいという結果が得られました．この結果は，ε2-non-dominant シナプスよりも ε2-dominant シナプスのほうがシナプス可塑性の生後発達が速いことを示しています．

　さらに，これら 2 種類のシナプスは，幼弱期のみならず成熟マウスにおいても可塑的性質に違いがあることがわかっています．図 3.8 は成熟マウスでのシナプス可塑性と誘導刺激周波数との関係を示したグラフです．0.1 Hz の頻度で一定強度の刺激を行い，基準となるシナプス応答の大きさを記録します（コントロール）．その後，コントロールと同じ刺激強度で 1 Hz または 10 Hz，あるいは 100 Hz などの頻度で誘導刺激をそれぞれ一定の時間行い，シナプス可塑性を誘導します．誘導刺激後ふたたび 0.1 Hz の刺激周波数でシナプス応答を計測し，40 分後のシナプス応答の大きさを誘導刺激前のコント

3.3 ε2-dominant および ε2-non-dominant シナプスの機能的・構造的差異

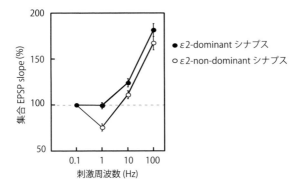

図 3.8　成熟マウス海馬におけるシナプス可塑性の刺激周波数依存性
成熟 iv マウスから作製した海馬スライスを用い，頂上樹状突起（ε2-non-dominant）シナプスおよび基底樹状突起（ε2-dominant）シナプスから集合 EPSP を記録しました．コントロール刺激は 0.1 Hz の刺激頻度で行いました．コントロールと同じ刺激強度で 1 Hz，10 Hz，あるいは 100 Hz の可塑性誘導刺激を一定の時間行い，誘導刺激後 40 分の時点における集合 EPSP の slope（EPSP の立ち上がり速度）をコントロールの応答と比較し，シナプス可塑性の目安としました．iv マウスに関する詳しい解説は第 5 章を参照してください。

ロールの応答と比較しました．ε2-non-dominant シナプスでは，1 Hz の誘導刺激に対しては長期抑制（LTD）が，100 Hz の場合には長期増強（LTP）が誘導されました．一方 ε2-dominant シナプスでは，1 Hz の誘導刺激に対してはシナプス応答の大きさは変化せず，LTP も LTD も観察されませんでした．しかし，100 Hz の誘導刺激に対しては LTP が誘導され，その大きさはほぼ ε2-non-dominant シナプスと同程度でした（Kawahara et al., 2013）．

現在，シナプス可塑性と誘導刺激周波数の関係に関しては，シナプスに存在する NMDA 型受容体のサブユニット構成の違いに基づき，以下のように説明されています．図 3.9 に示すように，主として ζ1/ε1 型の NMDA 受容体を含むシナプスにおける可塑性の刺激周波数依存性曲線は，ζ1/ε2 型受容体を含むシナプスのそれと比較して高周波数側にシフトしていると考えられています（Yashiro, Philpot, 2008）．すなわち，可塑性誘導刺激の閾値を比較すると，ζ1/ε1 型シナプスの閾値はζ1/ε2 型受容体シナプスのそれより高いと考えられています．したがって，図 3.8 の結果はこの説に沿って以下のように解釈できます．

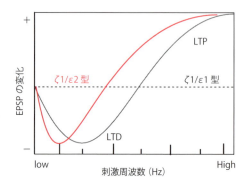

図 3.9　NMDA 受容体のサブユニット構成とシナプス可塑性の刺激周波数依存性の関係を示すモデル図
主として ζ1/ε1 型の NMDA 受容体を含むシナプスにおける可塑性の刺激周波数依存性曲線は，ζ1/ε2 型受容体を含むシナプスのそれと比較して高周波数側にシフトしています．Yashiro, Philpot（2008）を改変．

　すでに述べたように，ε2 サブユニットの分布が多い ε2-dominant シナプスには ζ1/ε2 型の受容体の数が相対的に多いと考えられます（3.3.1 項参照）．したがって，ε2-dominant シナプスにおける可塑性の刺激周波数依存性曲線は ε2-non-dominant シナプスに比べて低周波数側にシフトしていると考えられます．このため，100 Hz の誘導周波数での LTP に差は見られず，1 Hz において差が生じたと考えられます．さらに低い周波数で可塑性誘導刺激を行えば ε2-dominant シナプスにおいても LTD が誘導された可能性はあるでしょう．いずれにしろ，ε2-dominant および ε2-non-dominant シナプスの可塑性は，成獣マウスにおいても可塑性誘導刺激の閾値が異なることは確かです．

3.3.3　シナプスの形態的な差異

　電子顕微鏡により得られた画像の解析から，ε2-dominant および ε2-non-dominant シナプスはその形態においても異なっていることが知られています．図 3.10 に示すように，ε2-dominant シナプスは樹状突起上の比較的小さな<u>スパイン</u>（thin spine，直径およそ 200 nm）に形成される小さなシナプスです．一方，ε2-non-dominant シナプスはマッシュルームのような形状を

3.3 ε2-dominant および ε2-non-dominant シナプスの機能的・構造的差異

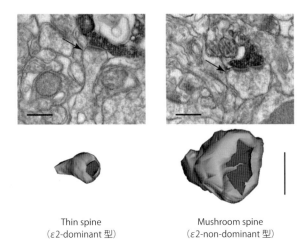

Thin spine
(ε2-dominant 型)

Mushroom spine
(ε2-non-dominant 型)

図 3.10　ε2-dominant 型およびε2-non-dominant 型シナプスの形態的特徴
ε2-dominant シナプスは小さな Thin spine につくられることが多く，一方 ε2-non-dominant シナプスは大型の Mushroom spine に形成されることが多い．それぞれのスパインを矢印で示す．スケールバー：300 nm．Shinohara et al. (2008) を改変．

した比較的大型のスパイン（直径およそ 500 nm）に形成される大型のシナプスです．この大型のシナプスはスパインのシナプス後肥厚部 (postsynaptic density: PSD) に亀裂や穿孔があることから，perforated spine シナプスともよばれます (Shinohara et al., 2008; Kawahara et al., 2013)．

3.3.4　AMPA 型受容体サブユニット (GluR1) 分布の非対称性

　最近，ε2-dominant および ε2-non-dominant シナプスは，NMDA 型受容体サブユニットの分布のみならず，AMPA 型受容体サブユニットの一つである GluR1 サブユニットの分布においても異なっているとの報告があります (Shinohara et al., 2008)．すなわち，GluR1 のシナプス分布の密度を比較すると大型のシナプスであるほど GluR1 の分布密度が高いらしいのです．この報告に従えば，GluR1 サブユニットは NMDA 型受容体 ε2 サブユニットとは逆の分布パターンを示すことになり，ε2-dominant シナプスには GluR1 サブユニットは少なく，ε2-non-dominant シナプスには GluR1 サブユニットが多いことになります．

3.4 光遺伝学的手法による神経回路非対称性の検証

これまでに述べてきた，海馬神経回路の非対称な特性は，2011 年にイギリスの Ole Paulsen らにより光遺伝学（optogenetics）の手法を用いて入力線維を選択的に刺激することによっても確かめられました（Kohl *et al.*, 2011）．光遺伝学の手法は，今後 *in vitro* および *in vivo* の実験系において有用な入力選択的刺激法になると思われるので，以下これについて概説します．

3.4.1 光遺伝学

光遺伝学的手法とは，光によって活性化される機能性タンパク質を遺伝学的手法によって特定の細胞に発現させ，細い光ファイバーを用いて特定波長の光を照射することによって発現細胞を選択的に活性化したり，抑制したりする技術のことです．この手法では主としてロドプシン（rhodopsin）が光活性化タンパク質として用いられます．

微生物からわれわれヒトに至るまで，多くの生物は光情報を受容することができます．この機構を担う光受容タンパク質がロドプシンです．たとえば，ヒトの眼の視覚細胞はロドプシンをもち，これによって光受容を行っています．ヒトのロドプシンと類似した分子構造をもつたくさんの光受容タンパク質が見つかっており，ロドプシンファミリーを形成しています．ロドプシンはいずれも 7 回膜貫通型タンパク質であり，光受容のためには補助因子としてレチナール（retinal）と結合することが必須です．哺乳類の脳には十分量のレチナールが存在しているため，レチナールを同時に与える必要はなく，遺伝学的手法によりロドプシンタンパク質を発現させるだけでレチナールと結合し，光受容活性をもったロドプシンが形成されます．ヒトの眼のロドプシン（動物型ロドプシン）は G タンパク質共役型です．一方，分子内にイオンチャネルやポンプをもち，光によって活性化されるとイオンの流出や流入をひき起こすタイプのロドプシン（微生物型ロドプシン）も多く知られています．現在，神経科学の分野でよく使われるのは，この微生物型ロドプシンです．緑藻類のクラミドモナスの眼点では 2 種類のイオンチャネル型ロドプシン（チャネルロドプシン，channelrhodopsin）が見つかっています（表 3.2）．

3.4 光遺伝学的手法による神経回路非対称性の検証

表3.2 イオンチャネル型およびイオンポンプ型ロドプシンの特徴

	機　能	吸収波長	起　源
チャネルロドプシン1	水素イオンチャネル	青〜緑の可視光を吸収	クラミドモナスの眼点に分布
チャネルロドプシン2	非選択的陽イオンチャネル（H^+, Na^+, K^+, Ca^{2+}など）	470 nmの青色光で最もよく活性化される	クラミドモナスの眼点に分布
ハロロドプシン	Cl^-イオンを細胞外から取り込むイオンポンプ	590 nmの黄色光で強く活性化される	高度好塩菌の細胞膜に存在

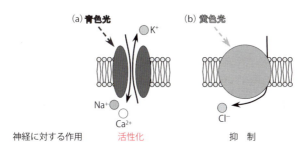

図3.11 チャネルロドプシン2（a）およびハロロドプシン（b）の機能を示す模式図

3.4.2 チャネルロドプシン2

　チャネルロドプシン2（channelrhodopsin-2: ChR2）は，2003年に緑藻類クラミドモナスの眼点で見つかった光活性化非選択的陽イオンチャネルです．光活性化タンパク質のなかでイオンチャネル型であると同定されているのはチャネルロドプシンのみのようです．活性のある分子はホモ二量体（homodimer）として機能しているらしく，470 nmの青色光によって強く活性化されます．青色光を受容するとイオンチャネルが開口してナトリウム，カルシウムおよび水素イオンなどが流入し，同時にカリウムイオンが流出します．その結果ChR2が光によって活性化されると細胞は脱分極を起こします（図3.11a）．しかし，野生型ChR2はチャネルのコンダクタンスが小さく，脱感作しやすいないどの欠点がありました．現在，野生型ChR2を改良し，光反応時間，光感受性および応答電流の大きさなどを改良したさまざまな変異型ChR2が作製されています．

3.4.3 ハロロドプシン

ハロロドプシン（halorhodopsin）は，死海など塩濃度が25％以上の塩水中に生息する高度好塩菌（*Natronomas pharaonis*）から見つかった光活性化クロライドイオン（Cl⁻）ポンプです．590 nmの黄色光によって活性化されます（表3.2）．黄色光を受容すると分子内のポンプが駆動して細胞外から細胞内にクロライドイオンを取り込み，そのため細胞は過分極します（図3.11b）．ハロロドプシンも脱感作しやすい性質をもつため，長時間の刺激や繰返し刺激は困難とされています．

3.4.4 Gタンパク質共役型光活性化タンパク質の利用

光照射によって細胞内シグナル伝達経路を制御することも可能であり，ロドプシンの変異体やメラノプシン，あるいはユーグレナの光活性化アデニル酸シクラーゼなどが利用されています．

A. ロドプシン変異体

動物型ロドプシンの細胞内ループはGタンパク質の一種であるトランスデューシンと相互作用しています．このロドプシンの細胞内ループを別のGタンパク質共役型受容体の細胞内ループに置換したさまざまな変異体（キメラタンパク質）が作製されています．たとえば，アドレナリンα_1受容体の細胞内ループに置き換えたキメラロドプシンでは，α_1受容体がGq共役型受容体なので，青色光の照射によってGqシグナル経路を活性化する（ホスホリパーゼCを活性化し細胞内カルシウム濃度を増加させる）ことができます．

B. メラノプシン

メラノプシン（melanopsin）はごく一部の網膜神経節細胞に発現している7回膜貫通型のGq共役型光活性化タンパク質です．480 nmの青色光照射によって活性化され，Gqシグナル経路を活性化します．

C. 光活性化アデニル酸シクラーゼ

鞭毛虫ユーグレナの感光点には光活性化アデニル酸シクラーゼが存在します．この光活性化アデニル酸シクラーゼは，青色光によって活性化され，cAMP の合成が促進されます．

3.4.5　光活性化タンパク質の導入方法

光活性化タンパク質を神経細胞に発現させるためには，レンチウイルスベクターやアデノ随伴ウイルスベクターが用いられることが多いようです．その理由は，感染効率が高く，かつ高コピー数であり発現効率も高いことが挙げられます．

さらに特定の神経細胞にのみ光活性化タンパク質を発現させるために，Cre/loxP 法とウイルスベクターによる遺伝子導入法が組み合わせて用いられます．まず，特定の神経細胞だけで機能するプロモーターの下流に Cre リコンビナーゼ遺伝子（*Cre*）を繋ぎ，特定の神経細胞だけで Cre が生産されるようにした動物を用意します．次に，光活性化タンパク質をコードする遺伝子の両側を Cre が認識する loxP 配列で挟んだ構成の遺伝子を挿入されたウイルスベクターを用意します．このウイルスベクターを，特定の神経細胞にだけ Cre が発現されるように改変された動物の脳に微量注入すると，目的の細胞にだけ光活性化タンパク質を発現させることができます．

前記の Paulsen らはこの方法を用いて，右または左の海馬 CA3 錐体細胞特異的に ChR2 を発現させ，この動物の脳から作製した海馬スライスにおいて，ChR2 を発現している CA3 錐体細胞の軸索を 473 nm のレーザー光照射により選択的に刺激することに成功しました（図 3.12）．さらに，彼らはこの手法を応用して海馬 CA3-CA1 シナプスの可塑的性質の特徴や NMDA EPSC の薬理学的特性を左右からの入力で比較することにより，海馬神経回路の非対称性を改めて示しました（Kohl *et al.*, 2011; Shipton *et al.*, 2014）．

第3章 海馬神経回路の非対称性

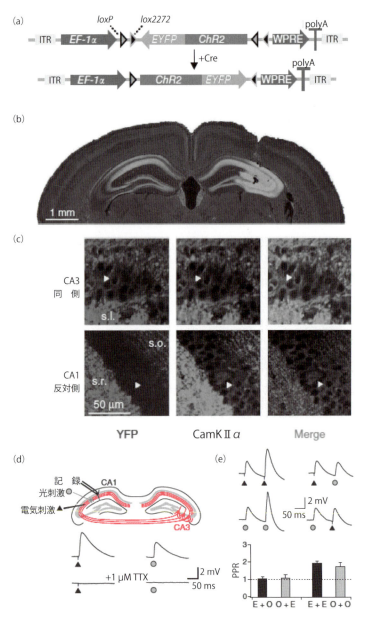

図3.12 Cre/loxP法による海馬錐体細胞へのチャネルロドプシン2の導入と光刺激による海馬神経活動の記録

図 3.12（つづき）
(a) チャネルロドプシン 2（ChR2）と eYFP（enhanced yellow fluorescent protein, EYFP）のフュージョンタンパク質をコードする逆向き塩基配列（inverted open reading frame）を，向き合わせて配置した loxP 配列 2 組（loxP 配列および Cre によって組み換えられるが LoxP 配列とは組み換えが起こらない変異型 loxP 配列である lox2272）で挟み込んだ構成の遺伝子配列をアデノ随伴ウイルス（AAV）に組み込みます．一方，海馬錐体細胞に発現していることが知られているカルモジュリン依存性キナーゼのプロモーターの下流に Cre 遺伝子を繋いだ遺伝子（Cam::cre）を組み込まれたトランスジェニックマウスを作製します．このマウスの海馬 CA3 野に上記の AAV を微量注入すると，錐体細胞特異的に発現された Cre リコンビナーゼによって ChR2-EYFP をコードする遺伝子配列の向きが反転し（矢印下），チャネルロドプシン 2 と eYFP のフュージョンタンパク質が発現されます．EF-1α: 伸長因子 1αプロモーター，ITR: inverted terminal repeat, WPRE: woodchuck hepatitis post-transcriptional regulatory element.
(b) eYFP の蛍光により ChR2-eYFP フュージョンタンパク質の発現が確認できます．赤は一緒に注入された赤色のビーズで，注入部位を示しています．注入部位とは反対側の海馬にも神経線維の伸展に沿った eYFP の発現が見られます．青: DAPI 色素，緑: eYFP，赤: ビーズ．（カラー図は口絵 2 参照）
(c) eYFP を緑色，CamKⅡα を赤色で免疫染色した画像．同側の CA3 野では錐体細胞層（矢頭）のみならず透明層（stratum lucidum: s.l.）など全域で eYFP，CamKⅡα の発現が見られます．しかし，反対側の CA1 野では CamKⅡα の発現はすべての層で見られますが，eYFP の発現は反対側からの交連線維が存在する放線層（s.r.）および多形細胞層（s.o.）にしか見られません．（カラー図は口絵 3 参照）
(d) 上記の方法で CA3 錐体細胞に ChR2 を発現させたマウスから海馬スライスを作製し，CA1 錐体細胞から電位記録を行いながら，s.r. で電気刺激（▲）あるいは光刺激（○, 473 nm）を行うと，いずれの刺激によっても EPSP が計測され，この応答は TTX（テトロドトキシン）の投与により消失しました．
(e) 電気刺激（▲）の場合も光刺激（○）の場合も，2 回の連続刺激による paired-pulse facilitation が観察されます．しかし，電気と光を組み合わせた連続刺激の場合には増強は観察されません．このことは電気刺激と光刺激では異なる入力が活性化されていることを示唆しています．PPR（paired-pulse ratio: 連続刺激増強率）
Kohl et al.（2011）を改変．

▶▶▶ Q & A ◀◀◀

Q 海馬交連切断を処置した際，脳梁は傷つかないのでしょうか．仮に傷が生じるとその影響は動物の行動に影響はないのでしょうか．

A 脳梁は傷つきません．本章図 3.2 の写真のように，麻酔したマウスを脳定位固定装置に固定し，三次元電動マニピュレーターでカミソリの刃を操作し，脳梁を傷つけることなく海馬交連だけを切断します．この手術で一番厄介なのは，脳梁を傷つけることではなく，脳表面にある大きな静脈（sagittal sinus）を傷つけ，大出血をひき起こすことです．これを避けるため，刃を複雑かつ正確に操作する必要があるため，デジタル式の電動マニピュレーターを用いています．

参考文献

El-Gaby, M., Shipton, O. A., Paulsen, O. (2015) Synaptic plasticity and memory: New insights from hippocampal left-right asymmetries. *Neuroscientist*, **21**(5), 490-502. doi: 10.1177/1073858414550658. Epub 2014 Sep 19. Review. PubMed PMID: 25239943.

伊藤 功（2011）海馬の分子レベルでの左右差．*Clin. Neurosci.*, **29**(7), 655-659.

Kawahara, A., Kurauchi, S., Fukata, Y., Martínez-Hernández, J., Yagihashi, T., Itadani, Y., Sho, R., Kajiyama, T., Shinzato, N., Narusuye, K., Fukata, M., Luján, R., Shigemoto, R., Ito, I. (2013) Neuronal major histocompatibility complex class I molecules are implicated in the generation of asymmetries in hippocampal circuitry. *J. Physiol.*, **591**(19), 4777-4791. doi: 10.1113/jphysiol.2013.252122. Epub 2013 Jul 22. PubMed PMID: 23878366; PubMed Central PMCID: PMC3800454.

Kawakami, R., Dobi, A., Shigemoto, R., Ito, I. (2008) Right isomerism of the brain in inversus viscerum mutant mice. *PLoS One.*, **3**(4), e1945. doi: 10.1371/journal.pone.0001945. PubMed PMID: 18414654; PubMed Central PMCID: PMC2291575.

Kawakami, R, Shinohara, Y., Kato, Y., Sugiyama, H., Shigemoto, R., Ito, I. (2003) Asymmetrical allocation of NMDA receptor epsilon2 subunits in hippocampal circuitry. *Science*, **300** (5621), 990-994. PubMed PMID: 12738868.

Kohl, M. M., Shipton, O. A., Deacon, R. M., Rawlins, J. N., Deisseroth, K., Paulsen, O. (2011) Hemisphere-specific optogenetic stimulation reveals left-right asymmetry of hippocampal plasticity. *Nat. Neurosci.*, **14**(11), 1413-1415. doi: 10.1038/nn.2915. Erratum in: *Nat. Neurosci.*, **14**(12), 1617. PubMed PMID: 21946328; PubMed Central PMCID: PMC3754824.

Shinohara, Y., Hirase, H., Watanabe, M., Itakura, M., Takahashi, M., Shigemoto, R. (2008) Left-right asymmetry of the hippocampal synapses with differential subunit allocation of glutamate receptors. *Proc. Natl. Acad. Sci. USA.*, **105**(49), 19498-19503. doi: 10.1073/pnas.0807461105. Epub 2008 Dec 3. PubMed PMID: 19052236; PubMed Central PMCID: PMC2593619.

Shipton, O. A., El-Gaby, M., Apergis-Schoute, J., Deisseroth, K., Bannerman, D. M., Paulsen, O., Kohl, M. M. (2014) Left-right dissociation of hippocampal memory processes in mice. *Proc. Natl. Acad. Sci. USA.*, **111**(42), 15238-15243. doi: 10.1073/pnas.1405648111. Epub 2014 Sep 22. PubMed PMID: 25246561; PubMed Central PMCID: PMC4210314.

Yashiro, K., Philpot, B. D. (2008) Regulation of NMDA receptor subunit expression and its implications for LTD, LTP, and metaplasticity. *Neuropharmacology*, **55**(7), 1081-1094. doi: 10.1016/j.neuropharm.2008.07.046. Epub 2008 Aug 8. Review. PubMed PMID: 18755202; PubMed Central PMCID: PMC2590778.

4 体の左右を決めるしくみ

　前章で述べたように，マウス海馬の神経回路は機能的・構造的に非対称になっていることが明らかになりました．これによって，非対称性は高度な脳の機能や巨視的な脳の構造にのみ見られる特別な性質ではなく，比較的単純な脳神経回路の基本的な機能や構造の中にもきちんと存在していることがわかりました．さらにこの事実は，脳の非対称性形成のしくみを研究するためのモデルとして，海馬神経回路の微視的非対称性を利用することができる可能性を示唆しています．海馬神経回路の非対称性形成機構に関する研究については次章以降で詳しく述べますが，本章ではまずマウスの初期発生において身体（体軸）の左右非対称性を生み出すしくみが現在どのように理解されているのかを概観しておきましょう．

　左右の非対称性は脳だけがもつ特別な性質ではありません．われわれの身体は外観こそ大まかには左右対称に見えますが，体の内部では各種の臓器が左右非対称に配置されています．たとえば，胃や心臓は体の左側に，肝臓は体の右側に偏って位置しており，左右の肺葉はその大きさや数が異なっています．このような内臓やその配置に見られる左右非対称性は個体間で異なるものではなく，種において一定の非対称性が保たれているのが正常な状態です（内臓正位, situs solitus）（図 4.1）．ところが，われわれヒトでは1万人に1人くらいの割合で臓器の左右配置が完全に逆転している内臓逆位（situs inverses）が発生することが知られています．また，一部の臓器だけその位置が異常になる場合もあり，このような部分的な左右性の異常を臓器錯位（heterotaxia）とい

第4章 体の左右を決めるしくみ

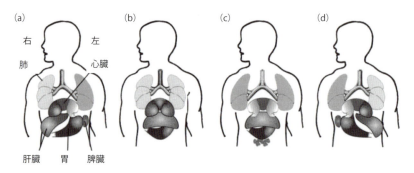

図 4.1 ヒトでの内臓の非対称配置とその異常
(a) 内臓正位, (b) 右側異性, (c) 左側異性, (d) 内臓逆位.
Capdevila (2000) を改変.

います. 錯位のなかで左右がともに左側化または右側化した状態のことをそれぞれ左側異性 (left isomerism) および右側異性 (right isomerism) といいます.

4.1 マウスの初期胚とノード流

　われわれ脊椎動物の体は, 頭尾 (前後) 軸, 背腹軸および左右軸からなる3つの体軸をもっています. 発生の初期過程において, 頭尾, 背腹の2軸が決定され, その後左右軸が決定されます (図 4.2). マウス胚の場合, 頭尾軸は受精後4日ころに決定されるようですが, 左右軸は受精後 7.5 日ころから, およそ 24 時間をかけて進行する一連の出来事により決定されます. 左右軸が形成される頃のマウス胚はおよそ次のような状態にあります.

　受精後 6.5 日ころのマウス胚は, 底が丸い短い筒 (シリンダー) のような形状をしています (図 4.2d). その筒状の構造体は外壁が内胚葉, 内壁が外胚葉でできています. 受精後 6.5〜7.0 日にかけて, 外胚葉の一部の細胞が胚の内側に向かって入り込み, 外胚葉と内胚葉の間に中胚葉を形成し始めます. 細胞が内部に入り込む領域が原条 (原始線条, primitive streak) です (図 4.3). 原条はしだいに胚の頭部方向に向かって伸長するとともに, 中胚葉が胚全体に広がっていきます (図 4.2d〜g). 胎生期 7.5 日ころ, 原条の胚底部尖端付近 (シリンダー状をした胚の底部尖端付近) の腹側 (外側) 表面にノード (結節,

4.1 マウスの初期胚とノード流

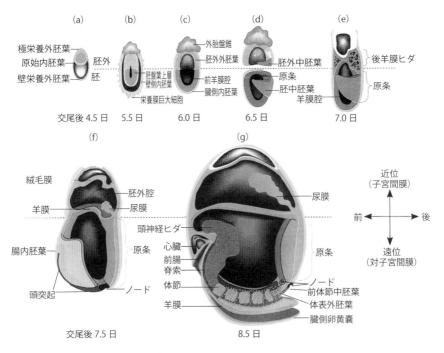

図 4.2　マウスの発生を示す模式図
(a) 着床時の胚は栄養外胚葉（灰色），原始内胚葉（ベージュ）およびエピブラスト（青色）から構成されています．原始内胚葉は壁側内胚葉 (b) と臓側内胚葉 (c) に分化します．交尾後 6.5 日ころ，原条および中胚葉（オレンジ色）の形成が始まり (d)，胚外の区域に広がっていきます (e)．交尾後 7.5 日ころにノード（結節）が原条の前端部に出現します (f)．頭突起に続いて脊索がノードから生じます (g)．交尾後 8.5 日 (g) までに，神経外胚葉（紫色）が明瞭な神経ヒダに変化し，心臓が急速に発達します．Nage, et al. 著，山内ほか 訳 (2005) を改変．（カラー図は口絵 4 参照）

node）が形成されます（図 4.2f）．ノードが形成されるころ，それより頭部側の外胚葉に神経板の形成が始まります（図 4.4）．胎生期 7.5 日から 8.5 日にかけて神経板の左右の神経ヒダが巻き上がるようにして融合し，頭尾軸に沿って神経管が形成されます（図 4.4）．神経管の腹側（外側）には脊索も形成されます（図 4.5）．また，この時期には体節の形成も始まり，体節の形成が尾部へ向かって進行します（図 4.2f, g）．

　左右軸決定の初期過程は，胎生期 7.5 日目の胚に現れるノードで始まります．図 4.6 のように，胚体の腹側中央付近に内胚葉がなく中胚葉系の細胞が

第4章 体の左右を決めるしくみ

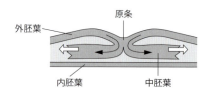

図4.3　マウス胚における中胚葉形成の様子

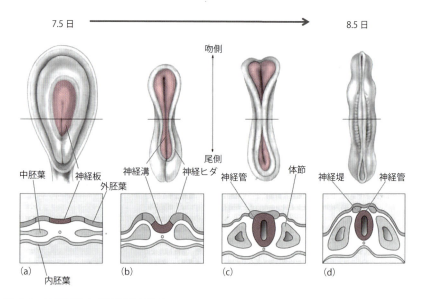

図4.4　神経板および神経管の形成
図上の日にちは交尾後の日数．上段は胚の背面図，下段は横断面を示しています．(a) 初期胚の中枢神経系は外胚葉の薄い層として形成されます．(b) 神経系発達の最初のステップは，神経溝の形成です．(c) 神経溝の周りの壁は神経ヒダとよばれ，合わさって神経管を形成します．(d) 神経管が形成されるとき，つまみとられた神経外胚葉の小片は神経堤とよばれ，末梢神経系に発達します．体節は中胚葉であり，骨格や筋肉になります．Bear, et al. 著，加藤ほか 監訳 (2007) を改変．

露出している凹みが一過性に現れます．これがノードです．ノードの容積はおよそ 20 nL で，凹みの内部は胚体外液で満たされています．およそ 200 個の細胞からなり，一つひとつの細胞が 1 本ずつ繊毛をもっています（**ノード繊毛**, nodal cilium）．このように 1 つの細胞に 1 本存在する繊毛を一次繊毛（primary cilium）とよぶのに対して，1 つの細胞に複数の繊毛が形成される

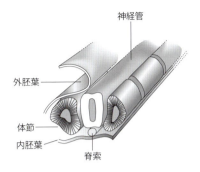

図 4.5 マウス胚での体節分化と神経管および脊索形成の模式図
Nagy et al. 著，山内ほか 訳（2005）を改変．

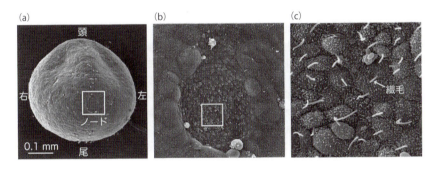

図 4.6 マウス胚のノード（結節）と繊毛
7.5 日胚の走査電顕写真．(a) 胚全体，(b) ノード全体，(c) 個々の細胞と繊毛，と拡大していった写真です．野中（2011）を改変．

場合，これらを二次繊毛（secondary cilia）とよびます．一次繊毛は，その内部を構成する軸糸（規則的に配列した微小管によってつくられた糸状の構造体）の数の違いと運動性の有無により 3 種類が知られています（図 4.7）．まず，1 対の中心微小管とその周囲に 9 個の周辺小管をもつ 9+2 構造の繊毛は，周辺小管にモータータンパク質であるダイニン（dynein）が存在するため運動性です（図 4.7a）．このタイプの繊毛はダイニンが ATP を消費しながら微小管上を動くことによって，繊毛は波打ち運動をします．一方，中心微小管対を欠く 9+0 構造の繊毛は通常モータータンパク質をもたないために非運動性です（図 4.7b）．しかし，ノード繊毛は 9+0 構造でありながら，9 個の周辺小

第4章 体の左右を決めるしくみ

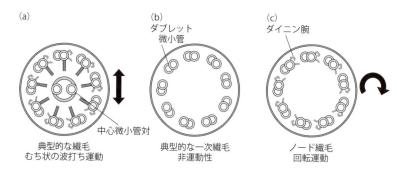

図4.7 繊毛の種類
(a) 9+2構造の繊毛．紙面に対して直角な平面で波打ち運動をする．
(b) 9+0構造の繊毛．中心微小管と周辺小管にダイニンを欠いており，運動性がない．
(c) ノード繊毛．9+0構造でありながら周辺小管にダイニンを有し，回転運動を行います．
野中（2009）を改変．

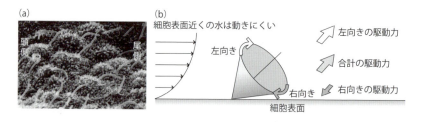

図4.8 ノード流が生じるしくみ
(a) 繊毛は先端が尾側に傾いています．(b) 傾いた回転運動により繊毛は左向きの力を生み出します．野中（2011）を改変．

管がダイニン（left-right dynein: Lrd）をもつため運動性で，繊毛の尖端を上から見て時計回りの回転運動を行います（図4.7c）．ノード繊毛は長さが数µm，直径が約200 nmで，その回転速度は約10 Hz（約600 rpm）です．また，ノード繊毛はマウス胚の尾側に向かってやや傾いて伸びています（図4.8）．さらに，ノード内の容積が20 nLと非常に小さいため，そこに存在する液体はわれわれが日常接するような量の液体とは大きく異なる流体力学的特性を示します．すなわち，このような微小な環境における液体の運動には，液体の重量による慣性力よりも液体の粘性のほうが大きな影響力をもつことが知られています．また一般に，液体が壁に接しているとき，壁面に近いほど液体

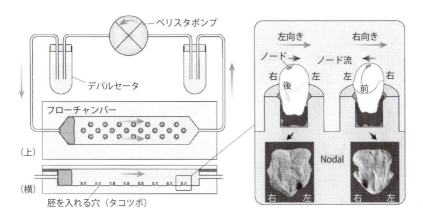

図 4.9 人工的にノード流を制御する装置
フローチャンバー底の穴（タコツボ）に胚を固定して培養し，ポンプで培養液を循環させることで，胚表面に一定の流れを生み出します．
野中（2008）を改変．

の見かけの粘性が大きくなり動きにくくなります．したがって，ノード繊毛が時計回りに回転すると，繊毛が右に向かうときには細胞表面の近くを通るためにノード内の胚体外液は動きにくく，左に向かうときには動きやすくなります．その結果，ノード内の胚体外液には左向きに 20〜50 μm/sec の速度をもつ流れが生じます．これを**ノード流**（nodal flow）といい，ノード流が向かう方向が体の"左側"になります．このことは，胎生期 7.5 日ころのマウス胚を培養液が循環するフローチャンバー内で培養しつつ，培養液の流れの向きを制御してノード流を右向きにすると，その後の発生で体の左右も逆転するという実験によって確認されています（図 4.9）（Nonaka *et al.*, 2002）．

解説 繊　毛

繊毛あるいは**鞭毛**と聞いてまず思うのは，活発に動くゾウリムシや精子の様子でしょうか．このように，繊毛という特殊な細胞器官は優れた運動性をもつものがよく知られ，たとえば，気道の上皮細胞や卵管上皮細胞には運動性の繊毛があり，それぞれ異物の侵入を防ぐ防御反応や卵子の輸送において重要なはたらきをしています．また，本稿においても運動性の繊毛が哺乳動物の初期胚において，ノード流をひき起こし，身体の左右非対称性形成の初期過程において決定的に重

第4章 体の左右を決めるしくみ

要なはたらきをしていることを紹介しました．ところが最近の研究によって，哺乳類の体を構成するほとんどの細胞が一次繊毛をもっており，それらには運動性のものだけではなく非運動性のものもありますが，いずれも多彩な機能を担っていることが明らかになってきています．なかでも神経細胞および神経組織を構成する細胞も繊毛をもっており，これらが重要な機能を担っていることが明らかになりつつあることは注目に値します．ところがこのことは現在の教科書ではほとんど触れられていません．ここで少し紹介しましょう．

脳内に存在する脳室とよばれる空洞は脳脊髄液で満たされており，脳脊髄液は脳および脊髄内の脳室系を循環し，中枢神経系全体の物質輸送および冷却装置としてはたらいています．この脳室の外壁を構成する上衣細胞には多数の運動性繊毛が存在します．この上衣細胞の運動性繊毛は脳脊髄液の循環に重要であると考えられており，繊毛運動を生み出すモータータンパク質のダイニンをコードする遺伝子の異常により，水頭症，不妊，内臓逆位などの症状が生じることも知られています．また，脳神経細胞は胎生期と生後のごく初期にだけ産生されると考えられてきましたが，近年の研究により成体哺乳類の脳においても神経細胞が産生され続けていることが明らかになりました．新生神経細胞を生み出す神経幹細胞は海馬歯状回と側脳室側壁に存在しています．側脳室壁で生み出された新生神経細胞は数mm離れた脳の前端にある嗅球へ移動します．上衣細胞の繊毛運動は脳脊髄液に嗅球へ向かう流れを発生させ，新生神経細胞の移動をコントロールしているようです．

一方，感覚神経細胞には非運動性の繊毛が存在し，外界からの情報を捉えるセンサーとして重要な役割を担っています．網膜の視細胞は，大量の光受容分子を含む外節とよばれる受容器官で光を感知しますが，これは一次繊毛が高度に発達した構造体であると考えられています．また，内耳の有毛細胞の繊毛は，聴覚と平衡感覚の受容に重要な役割を果たしています．さらに，鼻粘膜上皮の臭細胞には複数の繊毛が存在します．この繊毛表面には嗅覚受容体やそれと共役して機能する酵素やイオンチャネルが存在し，外界の匂い情報を捉えて細胞内に伝達する場としてはたらいていることが知られています．

このように，繊毛の多様な構造と機能に関する研究には，今後さらに大きな発展と広がりが期待できるように思われます．

解説　モータータンパク質

本章ではノード流を生み出す繊毛運動においてモータータンパク質であるダイ

ニンがはたらいていることを紹介しました．これ以外にも細胞内には実にさまざまなモータータンパク質が存在し，それぞれ重要なはたらきを担っています．なかでも神経細胞におけるモータータンパク質の役割は重要かつユニークです．神経細胞は細胞体，軸索そして樹状突起からなっています．樹状突起にはmRNAが存在し，一部でタンパク質合成が行われているらしいのですが，軸索や終末部にはタンパク質の合成能力が備わっていません．したがって，必要なものはほとんどすべて細胞体で合成され，軸索輸送によって終末部まで運ばれています．また，不要となったものは，逆に細胞体まで運ばれて分解されます．このような軸索内の物質輸送にさまざまなモータータンパク質が機能しています．軸索内で細胞骨格を形成しているアクチン上を動くミオシン，微小管上を動くキネシンやダイニンなどが知られ，それぞれ多様なタンパク質からなる大きなファミリーを形成しています．

　キネシンスーパーファミリータンパク質（KIF）には現在45種類の異なる遺伝子の存在が知られ，これら遺伝子の産物はそれぞれ異なる物質を含む小胞を輸送しているようです．キネシンの多くは2本足のモータータンパク質で，微小管の上を歩行するように移動するようです．たとえばKIF17は樹状突起ではたらきNMDA型受容体サブユニットである ε2（NR2B）を含む小胞を運んでいます．一方，シナプス小胞の材料を運んでいるKIF1Aやミトコンドリアを運ぶKIF1Bは1本足のモータータンパク質です．KIF3は神経細胞以外にも多くの細胞に発現しており，たとえばKIF3はノード繊毛を合成するための部品を，繊毛内部の微小管上を歩いて輸送します．このためKIF3がはたらかないと繊毛が形成されず，ノード流が生じないため左右決定がランダム化します．

4.2　ノード流は何かを運ぶのか

　ノード流の発生とその向きが左右軸の決定に重要であることは明らかです．それではノード流は何かを運んでいるのでしょうか．これに関しては現在主として2つのモデルが提唱されていますが，まだ結論は得られていないようです（図4.10）．

A. NVPモデル

　脊椎動物が発生する過程で細胞の発生運命を決定づける物質のことをモルフォゲン（morphogen）とよびます．このようなモルフォゲンであるソニッ

第 4 章　体の左右を決めるしくみ

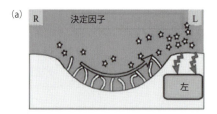

図 4.10　ノード流の機能に関する 2 つのモデル
(a) NVP モデル：モルフォゲンを含む NVP（星型）がノード流（わん曲した矢印）で左に運ばれるとする説．
(b) メカノセンサーモデル：ノード流の圧力を受けて繊毛が倒されると，カルシウムチャネルが開くとする説．
Hamada（2008）を改変．

クヘッジホッグ（Sonic hedgehog: Shh）やレチノイン酸を含む直径数 μm の膜小胞（nodal vesicular parcel: NVP）がノードの表面から放出されるようです．NVP はノード流に乗って左側に運ばれ，ノード左側壁の細胞に衝突して内容物を放出し，その細胞にカルシウムイオンの流入を起こします（Tanaka *et al*., 2005）．

解説　モルフォゲン

モルフォゲンはギリシャ語で「形をつくるもの」を意味し，濃度の違いによって標的細胞の発生運命を異なる方向に決定づけることができる拡散性の分子と定義されています．したがって化学的には多様な物質がこれに属しています．たとえばビタミン A の誘導体であるレチノイン酸は代表的なモルフォゲンですし，ソニックヘッジホッグ，アクチビンおよび Notch などのタンパク質もこれに属しています．

B. メカノセンサーモデル

　ノードには，運動性のある繊毛と，Lrd をもたないために運動性のない繊毛の 2 種類が存在します．ノード流はノード内の細胞がもつ運動性繊毛によって発生しています．一方，ノード外縁部の繊毛には運動性がなく，その近傍には遺伝子 *pkd2* の産生タンパク質であり，カルシウムチャネルとして機能するポリシスチン-2（PC2）が局在しています．この外縁部の繊毛がメカノセンサーとしてはたらき，ノード流の圧力を受けて繊毛が倒されると，繊毛のごく近傍に局在しているカルシウムチャネルが開き，ノード左側の細胞にカルシウムイオンが流入します．

　いずれのモデルでも，現在知られているすべての現象を説明するのは困難であるらしく，ノード流が実際に何を運んでいるのか，どのように機能しているのかは，現在もなお議論のあるところのようです．しかしいずれのモデルにおいても，ノード流はノードの左側の細胞にカルシウムイオン濃度の上昇をもたらす点では一致しています．

4.3　Nodal シグナリング

　マウス胚における左右軸の決定とは，胚がその左側を構成している細胞群に新たな遺伝子群の発現を誘導することによって，体の左側が右側とは異なる特性をもつようになることです．ということは，胚体細胞が初期値として生まれながらにもっているのは「右」の性質であり，そのために胚は初め左右対称であったことになります．左右軸の決定は，この対称性を破壊する過程であるともいえます．胚はこの過程が正しく進行するように，ノードという限られた特別な場所を用意し，自身の「左」を指し示す一定の方向性とエネルギーをもったノード流を発生します．これらの舞台装置の中で，新しい遺伝子の発現を導くために登場する次の役者が Nodal や Lefty（Lefty-1 および Lefty-2）などのトランスフォーミング増殖因子（transforming growth factor: TGF）であり，いずれも TGF-β スーパーファミリーに属する分泌性のタンパク質です．

　ノードが形成されると，その辺縁部には Nodal および Cerberus like-2 が発現します．Cerberus like-2 は Nodal と結合することによってアンタゴニ

ストとしてはたらく分泌性のタンパク質です．この時点では，その発現に左右の非対称性は見られません．しかし，ノード流が発生すると，どのような機序によるのか微細は不明ですが，Nodalの発現はノードの左で強くなり，Cerberus like-2の発現は右で強まることで，発現に弱い非対称性が生じるようです．Nodalはノードの左側から拡散し，しだいに左側板中胚葉（lateral plate mesoderm: LPM）全体に広がっていきます．この過程はおよそ以下のように理解されています（図4.11参照）．

拡散性の分泌タンパク質であるNodalは，側板中胚葉を構成する細胞の表

解説　トランスフォーミング増殖因子（TGF）

TGFは細胞の増殖や分化を制御する分泌タンパク質です．哺乳類では約40種類の異なるタンパク質の存在が知られており，これらはTGF-βスーパーファミリーとよばれています．また，TGF-βスーパーファミリーには3つのサブファミリーが存在し，これらはTGF-βファミリー，アクチビンファミリーおよび骨形成タンパク質（bone morphogenetic protein: BMP）ファミリーとよばれています．TGF-βファミリーは細胞増殖抑制作用を示すことがよく知られています．アクチビンはさまざまな細胞の分化や成熟に関与し，BMPは骨や軟骨の形成に関与しています．TGFは細胞膜上の受容体に作用してこれと結合し，細胞内にシグナルを伝達します．このシグナルを受け，細胞内では転写因子であるSmadが活性化され，これによってさまざまな遺伝子の発現が制御されます．

解説　転写因子

転写因子（transcription factor）はDNA上の特定の配列（プロモーターやエンハンサー）を認識して結合し，遺伝子の発現を制御する一群のタンパク質です．遺伝子の転写を活性化，または不活性化することで生物学的に重要な制御機能を果たしています．たとえば，多くの転写因子が多細胞生物の発生に関与していることが知られています．これらの転写因子は外界からの刺激に対応して，対象となる遺伝子の転写を開始，または停止させます．これにより，細胞の形態や活動状態を変化させ，細胞の運命決定や分化に必要な状態を作り出します．また，多くの転写因子が細胞周期の調節などにも関与していることが知られています．

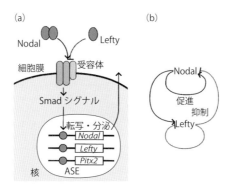

図 4.11　Nodal と Lefty の誘導と抑制の相互作用
(a) Nodal, Lefty, Pitx2 の発現誘導に関するシグナル経路，(b) Nodal と Lefty の相互作用．野中（2011）を改変．

面にある受容体と結合します．このシグナルは TGF-β スーパーファミリーの細胞内シグナル伝達を担う転写因子 Smad を介して核内に伝えられます．Smad が左側特異的（左で強い活性を示す）エンハンサー（asymmetric enhancer: ASE）に結合することによって Nodal の発現が誘導されます．すなわち Nodal の発現には正のフィードバック制御が存在します．したがって Nodal シグナルは周辺の細胞に Nodal の発現を誘導することにより，順次シグナルをリレー式に伝達すると考えられています．一方，Nodal は同じく ASE をエンハンサーとする遺伝子 *Lefty*（*Lefty-1* および *Lefty-2*）の発現も誘導します．Lefty は典型的な TGF-β ファミリータンパク質が取る二量体構造を取らないため，Nodal 受容体に対してアンタゴニストとしてはたらき，Nodal シグナルを阻害します．すなわち Lefty は Nodal シグナルに対する負のフィードバック因子です．また，二量体をつくらないので Nodal よりも拡散速度が速いと考えられます．

　さて，ノードから拡散した Nodal を受けた左側板中胚葉の一部の細胞が Nodal を産生し始めます．この細胞の付近では Nodal の活性が優位となり，正のフィードバック制御によって Nodal の発現範囲が左側板中胚葉全体に広がっていきます．このとき，神経底板（神経板が脊索に接する部位）の左側においては，Nodal シグナルを受けて *Lefty-1* の発現が誘導されます（図 4.12）．

第4章　体の左右を決めるしくみ

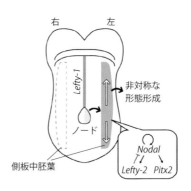

図4.12　マウス胚における左右性の獲得過程
ノードにつくられた局所的な左右非対称性が分化成長因子や転写因子による巧妙なしくみによって，全身性の非対称へ拡大・記憶され，将来の組織の分化が決定されます．野中（2011）を改変．

これが中軸（正中）においてバリヤーとしてはたらき，Nodalシグナルが中軸を越えて反対側へ拡散することを防いでいると考えられます．一方，距離が遠い右側の側板中胚葉へは，NodalよりもLefty-2拡散速度が速いLefty-2がより早く，また多く到達します．よってLefty-2の作用が優位となり，右側では*Nodal*の発現が抑制されると考えられます（図4.12）．

左側板中胚葉におけるNodalとLefty-2の発現は一過性で，3体節期から始まり，5体節期には消失します．したがって，その発現はわずか数時間であり，多くの器官が形成される前に消失してしまいます．一番早い心臓のルーピング（発生過程において原始的な管状の心臓にねじれが生じる現象）でも，Nodalが消失してから数時間後の8体節期以降に行われます．すなわち，Nodalによって組織に誘導された「左」の特性は，何らかの機構によって細胞に記憶されなければなりません．この機構ではたらいているのが転写因子Pitx2です．Nodalの発現は，おなじくASEをエンハンサーとする転写因子Pitx2の発現を左側板中胚葉に誘導します（図4.11，図4.12）．Pitx2の発現はNodalやLeftyとほぼ同じ3体節期の左側板中胚葉で開始されますが，その発現は持続的で，多くの器官が形成される時期まで維持されます．*Pitx2*のノックアウトマウスでは肺の分葉パターンが右側異性を示し，血管の走行や腸のループの方向性にも異常が見られます．したがって，Pitx2は多くの器官の

左右非対称性に関与していると考えられます．しかし，*Pitx2* のノックアウトマウスでも心臓のルーピングの方向性は正常であることから，心臓のルーピングは Nodal シグナルには依存するが Pitx2 の制御は受けていないようです．哺乳類において，Nodal シグナルの下流ではたらく転写因子として現在知られているのは Pitx2 だけですが，おそらく Nodal シグナルの下流にはほかにも未知の遺伝子が数多く存在し，これらのはたらきによって体の左側が右側とは異なる新たな特性をもつようになるものと考えられています．

　この章で述べた，ノード，ノード流および Nodal シグナル経路は体の左右を決定する機構として重要であることは間違いなく，脊椎動物に広く共有されている機構です．しかし，左右の非対称性それ自身を作り上げるのは別の機構によっているだろうと考えられています．

▶▶▶ Q & A ◀◀◀

ノード流の発生とその向きが左右軸の決定に重要とあります．臓器の左右配置が完全に逆転する内臓逆位と，一部の臓器に異常が現れる臓器錯位との 2 つが生じるのはなぜでしょうか．

確かに不思議で，筆者も確かな答えを知りません．ですが臓器錯位に関しては，左側における Nodal 経路の発現がなんらかの理由で不均一になってしまったため，などと説明ができるのかもしれません．発生学でもまだ完全には説明できていないことがあるようですが．

参考文献

Bear, M., Connors, B., Paradiso, M. 著，加藤宏司，後藤 薫，藤井 聡，山崎良彦 監訳（2007）『神経科学―脳の探求』，p.145，西村書店．

Capdevila, J., Vogan K. J., Tabin, C. J., Be lmonte, J. C. I. (2000) Mechanisms of left-right determination in vertebrates. *Cell*, **101**, 9-21.

Hamada, H. (2008) Breakthroughs and future challenges in left-right patterning. *Dev. Growth Differ.*, **50**, S71-S78.

稲葉一男（2009）鞭毛・繊毛の構造と運動メカニズム．細胞工学, **28**, 991-997.

野中茂紀（2008），ノードの繊毛と水流．細胞工学, **27**, 564-569.

第4章 体の左右を決めるしくみ

野中茂紀（2009），繊毛と脊椎動物の左右性．細胞工学，**28**, 1011-1015.
野中茂紀（2011）からだの左右決定機構．*Clin. Neurosci.*, **29**(6), 650-654.
Nagy, A., Gertsenstein, M., Vintersten, K., Behriuger, R. 著，山内一也，豊田 裕，岩倉洋一郎，佐藤英明，鈴木宏志 訳（2005）『マウス胚の操作マニュアル 第3版』．近代出版．
Nonaka, S., Shiratori, H., Saijoh, Y., Hamada, H. (2002) Determination of left-right patterning of the mouse embryo by artificial nodal flow. *Nature*, **418**(6893), 96-99. PubMed PMID: 12097914.
沖 真弥，目野主税（2008）左右決定におけるNodalシグナル．細胞工学，**27**, 570-575.
Shiratori, H., Hamada, H.. (2006) The left-right axis in the mouse: From origin to morphology. *Development*, **133**(11), 2095-2104. Epub 2006 May 3. Review. PubMed PMID: 16672339.
Slack, J. (2012) "Essential Developmental Biology, 3rd ed.", Wiley-Blackwell.
Tanaka, Y., Okada, Y., Hirokawa, N. (2005) FGF-induced vesicular release of Sonic hedgehog and retinoic acid in leftward nodal flow is critical for left-right determination. *Nature*, **435**(7039), 172-177. PubMed PMID: 15889083.
Wolpert, L., Tickle, C. 著，武田洋幸，田村宏治 監訳（2012）『ウォルパート 発生生物学』，メディカル・サイエンス・インターナショナル．

5 脳の左右決定における Nodal 経路の役割

　前章で概観したように，体の左右差決定機構に関する研究は最近急速に進んでいます．一方，脳の左右差形成に関する分子レベルの研究はようやくその緒に就いたところです．したがって，研究が進んでいる体の左右差形成に関して得られている知見を参考にしつつ，脳の左右差形成機構に関する研究が進められていますが，最近脳に特有な機構の存在も明らかになってきました．本章では，脳の左右決定における Nodal シグナルの役割を中心に述べることにします．この分野では，マウスだけでなく魚類を用いた脳の左右差研究にも注目すべき知見がありますから，それについても触れることにします．

5.1　*iv* マウス海馬神経回路の右側異性

　海馬に見出された神経回路の非対称性は，マウス脳の高次機能において意味のある回路特性なのでしょうか．また，NMDA 型受容体サブユニットのシナプス分布や NMDA 型受容体を介するシナプスの活動などは，神経回路の非対称性における異常などを検出するのに有効な指標となりうるでしょうか．これらの問に答えるためには，まず海馬神経回路の非対称性に異常をもつマウスを見つけ出す必要がありました．そのような可能性があるマウスとして筆者らが最初に注目したのが，*iv* マウス（inversus viscerum mutant mouse, 内臓逆位マウス）です．

　iv マウスはノード繊毛の回転運動をひき起こすモータータンパク質（Lrd）をコードする遺伝子に点突然変異（point mutation）をもつため，繊毛が回

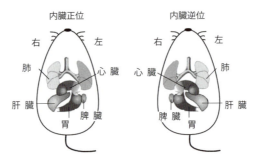

図 5.1　*iv* マウスの内臓配置
iv マウスでは内臓正位と内臓逆位が 1：1 の割合で生まれます．

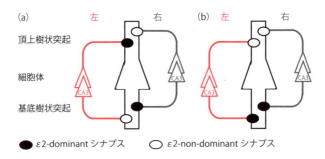

図 5.2　野生型（WT）(a) および *iv* マウス (b) の海馬神経回路の模式図
シナプス後細胞を真ん中に黒線で描きました．左の錐体細胞とその軸索を赤で，右のそれらをグレーで表しました．*iv* マウスの海馬神経回路は内臓の正位・逆位にかかわらず右側異性を示します．

転できず，ノード流が発生しません．このためホモ接合型の *iv* マウス（*iv/iv*）では内臓逆位と正位のマウスが 1 対 1 の確率で生まれます（図 5.1）．すなわち，内臓の配置がランダムになります．しかし，このマウスの脳の非対称性に関しては，まったく研究されていませんでした．そこで筆者らは，*iv* マウス海馬神経回路の特徴を，野生型マウスと同様の指標を用いて分析してみました．その結果驚いたことに，ホモ接合型の *iv* マウスでは，内臓の配置が正位であるか逆位であるかにかかわらず，海馬神経回路の左右の非対称性が消失していることが明らかになりました（図 5.2）（Kawakami *et al*., 2008）．さらに，この左右差の消失は両側の海馬がともに右の性質を示すように変化したためで

あることがわかりました．このような異常は右側異性とよばれます．図5.2のように，*iv* マウスでは，左右両側のCA3錐体細胞からの入力が頂上樹状突起に ε2-non-dominant シナプス（○）を，基底樹状突起に ε2-dominant シナプス（●）を形成します．これは野生型マウスにおける右CA3錐体細胞からの入力の特徴です．*iv* マウスではあたかも左海馬が失われ，両側の海馬がともに右海馬の性質を示すように変化していることがわかります．もし個々の神経細胞の上下（apical-basal）の関係（細胞極性）が異常であれば，左右両方の回路に異常が生じるはずです．したがって，左海馬の回路にだけ異常が見られる *iv* マウスは，個々の神経細胞の上下の非対称性（細胞極性）は正常であると考えられます．さらに，これらの結果は正常な非対称性をもつ海馬神経回路は，脳の左右および神経細胞の上下という，少なくとも2種類の独立した位置情報に基づいて形成されていることを示唆しています．また，2種類の非対称性要素のうち，左右の非対称性のみが消失した *iv* マウスは，左右差の異常が脳の高次機能に及ぼす影響を解析するのに好都合なモデル動物だと思われました．

5.2　*iv* マウスの行動解析

そこで筆者らは，乾燥型迷路課題（dry maze task）および遅延非見本合わせ課題（delayed nonmatching-to-position task）を用いて，*iv* マウスの長期記憶（参照記憶）および短期記憶（作業記憶）を解析しました（Goto et al., 2010）．いずれも，マウスではその遂行に海馬が重要な役割を果たしていることがよく知られている空間学習課題です．

乾燥型迷路課題では円形の試験空間において，床の一定の場所に隠された餌の場所を覚えるようにマウスを数日間訓練します．数日の訓練期間の後，餌を置かない状態で同じ空間内を一定時間探索させ，餌のあった場所をどれくらい正確に覚えているか（餌のあった場所にどれくらい長く滞在するか）を評価します．訓練期間中，*iv* マウスはコントロール群のマウスと比較して，若干餌の場所を覚えるのが遅いように思われましたが，最終的には同程度に場所の記憶を獲得しました．しかし，餌を与えずに探索行動を行わせた最終テストでは，

第 5 章　脳の左右決定における Nodal 経路の役割

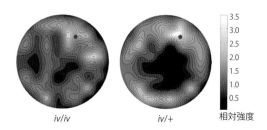

iv/iv　　　　　　　*iv/+*　　　　　相対強度

図 5.3　乾燥型迷路課題を用いた iv マウスの解析結果
赤い点は餌穴の位置を示しています．白色は滞在時間が長いことを，黒は滞在時間が短い領域を示しています．したがって，餌穴の周りが白いほど参照記憶の精度が良いと判断されます．ホモ接合型の *iv* マウス（*iv/iv*）はコントロールとして用いたヘテロ接合型（*iv/+*）に比べて参照記憶の精度がやや劣っています．Goto *et al.*（2010）を改変．

餌の場所に関する *iv* マウスの記憶はコントロール群に比べてやや不正確でした（図 5.3）．

一方，遅延非見本合わせ課題は，試験装置（オペラント箱）内の前面パネルに左右2つあるレバーの場所を記憶させるものです（図 5.4a）．マウスが装置後方の壁に設置されたレバーを押すと課題が開始されます．課題開始後，装置の前面パネルに左右どちらか一方のレバーが出現します（見本レバー）．マウスはそのレバーを押して見本レバーの場所（右か左か）を記憶します．ある遅延時間の後に，前面パネルの左右2つのレバーが同時に出現します．マウスは遅延時間が始まる前に押した見本レバーとは反対側のレバーを押すと正解として餌を得ることができます．*iv* マウスはコントロール群のマウスと同程度に左右のレバーの位置を区別しましたが，遅延時間が長くなるに従って急速に左右位置に関する記憶が失われました（図 5.4b）．すなわち，*iv* マウスは短期記憶である作業記憶の保持能力において野生型マウスより劣っていることが明らかになりました．したがって，*iv* マウスは野生型マウスに比べて，長期記憶の精度や短期記憶の保持能力において劣っていると考えられます．また，これらの課題の遂行は海馬に強く依存していることから，この結果は *iv* マウス海馬神経回路の異常を反映していると考えられます．もちろん，*iv* マウスが海馬以外の脳領域にも神経回路の異常をもつ可能性を無視すべきではないでしょう．しかし繰り返しますが，マウスではこれらの課題の遂行に海馬が非常に重要であることは広く受け入れられている事実です．よってこれらの結果が *iv*

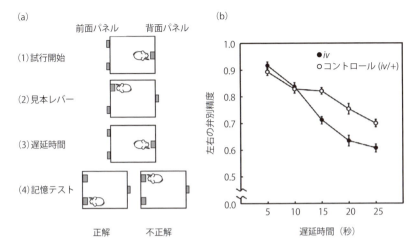

図 5.4 遅延非見本合わせ課題を用いた *iv* マウスの作業記憶解析
(a) 遅延非見本合わせに用いた装置の模式図および試行の流れ図．(1) マウスが背面パネルのレバーを押すと課題が始まります．(2) マウスが前面パネルの左もしくは右の見本レバーを押して，その位置を記憶します．(3) 遅延時間の間，マウスは背面パネルのレバーを押し続けなければなりません．(4) 遅延時間終了後，マウスは見本レバーと逆のレバーを押すと正解として餌が得られます．
(b) 遅延非見本合わせ課題の結果．遅延時間が課されると *iv* マウス（*iv/iv*）ではコントロール（*iv/+*）に比べてより速やかにレバー選択の精度が低下しました．
Goto et al. (2010) を改変．

マウス海馬神経回路の異常を反映していることは間違いないでしょう．したがって，海馬神経回路の非対称性はある種の高次脳機能において意味のある回路特性であると考えられます．

5.3 魚類の脳の非対称性形成機構

iv マウスの海馬神経回路は内臓器官の正位・逆位にかかわらず右側異性を示し，内臓のようにランダマイズすることはありません．このことは，脳の左右決定機構は内臓器官のそれと同様に胚期 Nodal 経路の影響を受けてはいるが同じではなく，異なる機構によっている可能性を示唆しているように思われます．しかし，今のところマウス脳の左右差形成における Nodal 経路の意義に関してこれ以上のことはわかっていません．この点に関しては，ゼブラフィッ

シュやヒラメ・カレイなどの硬骨魚類で有用な知見が得られていますので，ここで触れておくことにします．

　ゼブラフィッシュは体長 4〜5 cm 程度のコイ科の小型魚です．この魚は飼育が容易で，ライフサイクルが 2〜3 カ月と短く，また多産で，1 週間に 1 回くらいの頻度で，一度に 200 個程度の卵を産みます．卵は母体外で受精し発生しますが，その発生は早く，およそ 24 時間でほぼ器官形成を終えます．さらに，発生期間を通して胚が透明なため，発生過程を外部から観察しやすい利点があります．これらの特徴をもつことから，発生学研究に適したモデル動物として広く利用されています．

　一方，**ヒラメ**と**カレイ**の仲間は**異体類**とよばれ，眼の配置と色素の分布が左右どちらかに偏っており，全身が左右非対称性を示します．「左ヒラメに右カレイ」といわれるように，ヒラメの眼は両眼が左顔面に配置し，カレイの眼は右顔面に配置されています．さらに眼が配置する有眼側の皮膚は黒褐色であるのに対して，無眼側の皮膚は白色です．一方，四足動物の前足に相当する胸びれはヒラメもカレイも左右対称に配置しています．異体類でも仔魚初期までは眼も左右対称に配置されていますが，仔魚中期の変態期になって片方の眼球が反体側に移動し，その後黒色素胞が有眼側だけに分化することにより，体全体が非対称になります．変態期の仔魚の脳は前脳が有眼側方向に傾いており，中脳**視蓋**（哺乳類の上丘に相当）の左右半球の大きさに顕著な左右差が見られます．ヒラメでは視蓋右半球が，カレイでは視蓋左半球が大きくなります．このような脳の非対称性形成は眼球移動に先行して始まることから，ヒラメやカレイの非対称性は脳の非対称性形成の観点から改めて注目されています．

5.3.1　魚類胚における左右軸決定機構

　マウスの場合と同様に，魚類においても胚期における左右軸決定の初期過程は分化成長因子である Nodal と Lefty，転写因子である Pitx2 によって構成される Nodal 経路で制御されており，これらの発現を体の左側に限定するために，ノード流のような限局された構造体の中での左向きの液体の流れがスイッチ機構としてはたらいていることも共通しています．そこでまず，マウスにおける左右軸形成の初期過程の概要を今一度思い出してみることにしましょ

う（詳しくは第4章を参照のこと）．

　マウス胚では受精後7.5日目にノードが形成されます．ノードに発現するNodalはノード繊毛の回転運動によってノード流が生じると，ノードの左で強く発現するようになります．ノードの左から拡散したNodalを受けた左側板中胚葉の一部の細胞がNodalを産生し始めます．この細胞の付近ではNodalの活性が優位となり，正のフィードバック制御によってNodalの発現範囲が左側板中胚葉全体に広がっていきます．このとき，神経底板（神経板が脊索に接する部位）の左側においては，Nodalシグナルを受けてアンタゴニストであるLeftyの発現が誘導されます．これが正中においてバリヤーとしてはたらき，Nodalシグナルが正中を越えて右側へ拡散することを防ぐとともに，右側の側板中胚葉へはNodalよりも拡散速度が速いLeftyがより多く到達し，右側ではNodalの発現が抑制されます．左側板中胚葉におけるNodalとLeftyの発現は一過性で，わずか数時間で消失しますが，Nodalの発現は転写因子Pitx2の発現を左側板中胚葉に誘導します．Pitx2の発現は持続的で，多くの器官が形成される時期まで維持されます．したがって，Nodalによって組織に誘導された「左」の特性は，Pitx2の左側特異的な発現として引き継がれ，Pitx2が最終的な左右決定因子として機能します．

　これらの機構は，全体としてマウスでも魚類でも共通です．しかし，いくつか相違点もあるので，以下魚類に特徴的な点について述べることにします．

【ノード相同器官としてのクッパー胞】

　硬骨魚類においては**クッパー胞**（Kupffer's vesicle: KV）とよばれる小さな袋状の構造が，左右軸形成におけるマウスのノードと機能的に相同な器官であることが知られています（図5.5）．クッパー胞は脊索の後端部付近において，卵黄側に突き出すように形成される直径およそ100 μmくらいの袋状の器官で，内部は体液で満たされています．ゼブラフィッシュでは，受精約12時間（原腸形成後期から体節形成初期）の時期に一過性に形成され，その後吸収されて消滅します．クッパー胞が脊索と接するあたりの背側上皮には，細胞あたり1本の繊毛が生えています．この繊毛が約25 Hz程度の速さで，後方に傾きつつ時計回りに旋回します．このためクッパー胞内の繊毛付近では左向き

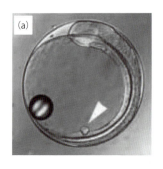
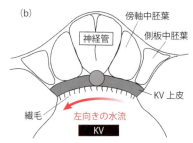

図 5.5　魚類胚のクッパー胞（KV）
　（a）ゼブラフィッシュ胚のクッパー胞（白矢頭）．Hashimoto. et al.（2004）を改変．
　（b）クッパー胞の構造と繊毛流の模式図．武田（2008）を改変．

の水流が生じます．魚類のクッパー胞がマウスのノードと機能的に相同の器官であることを示唆するいくつかの証拠があります．たとえば，クッパー胞を破壊すると内臓器官の配置がランダムになることが知られています．また，クッパー上皮繊毛の形成異常は左右の逆位を生じることも知られていますし，さらにはクッパー上皮は *left-right dynein*（*Lrd*）を発現しており，これをノックダウンすると繊毛運動が停止し左右軸形成に異常が生じることも観察されています（武田，2008）．

　クッパー胞内では Nodal およびマウスにおける Nodal アンタゴニストである Cerberus like-2 に相当する Charon が発現します．（注：ゼブラフィッシュの Nodal には，squint, cyclops, southpaw の 3 種類あることが知られていますが，ここではマウスと比較しながら述べるうえで混乱を避けるためこれらを区別せず，すべて Nodal と記すことにします．）クッパー胞内でのNodal と Charon の発現には非対称性は見られません．左向きの繊毛流の発生と Nodal に結合する Charon の阻害効果により Nodal 経路の右への入力が遮断されると考えられていますが，詳しいメカニズムは明らかでないようです．クッパー胞は左側板中胚葉に Nodal の発現を誘導すると役割を終え消失します．

　その後 Nodal シグナルはマウスの場合と類似の機構により左側板中胚葉の中をリレー式に広がります．Nodal の発現は一過性であり，左を示すシグナ

ルは Pitx2 の左特異的な発現へと引き継がれることもマウスの場合と同様です．

5.3.2　魚類脳に特徴的な間脳上部での Nodal 経路の発現

　魚類の脳では背側間脳（視床上部）を構成している松果体複合体（松果体 (pineal body) と副松果体（傍松果体，parapineal organ）および手綱核 (habenula) が形態的にも機能的にも非対称性を示すことがよく知られています（図 5.6）．

　手綱核は終脳から中脳への中継核で，ヒトでは意欲や気分など情動の調節に重要なセロトニンやドーパミン神経系の活動を調節する中枢として知られており，その神経回路は魚類からヒトまでよく保存されています．ここが傷害を受けると，睡眠-覚醒リズムの異常や薬物依存症および統合失調症の発症などをひき起こすようです．手綱核は左右 1 対をなす神経核で，左右ともに内側亜核と外側亜核に分けられ，それぞれ異なるサブタイプの神経細胞によって構成されています．これらの神経細胞は，遺伝子発現，シナプス標的細胞の選択性，神経終末の形状などにおいて異なっています．また 2 つの亜核は大きさに左右差があり，左手綱核では外側亜核が大きく，右手綱核では内側亜核のほうが

解説　松果体

　脊椎動物の祖先は視覚器官として左右 2 つの眼（外側眼）に加え，頭頂部に皮膚などを透かして光の明暗だけを感じる原始的な第三の眼（頭頂眼）をもっていたそうです．しかし，左右の眼の機能が高度に発達したのに対して，頭頂眼は機能的に進化せず，ほとんどの種では退化して消失してしまったようです．今ではトカゲ類や魚類，両生類などの一部でのみ頭頂眼をもつものが残っているにすぎないそうです．脳の初期発生において，間脳上部に生じる左右 1 対の間脳胞の一つが松果体に，もう片方は爬虫類などでは頭頂眼になるのですが，他種では消失してしまいます．松果体はメラトニンを分泌して概日リズムを制御していますが，松果体からのメラトニンの分泌は網膜への光刺激で抑制され，光刺激の遮断で促進されます．しかし，スズメなどでは頭骨が薄いため，松果体に直接太陽光が届くことで，スズメの概日リズムを制御しているようです．

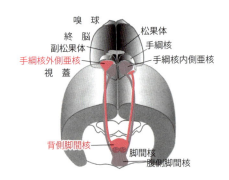

図 5.6　ゼブラフィッシュ手綱核神経回路の非対称性を表す模式図
　ゼブラフィッシュ成魚の脳を斜め後ろから見た図．手綱核外側亜核（ピンク）は左側で大きくかつ背側脚間核（ピンク）へ投射しています．一方，手綱核内側亜核（グレー）は右側でより大きく，腹側脚間核（グレー）へ投射します．相澤，岡本（2008）を改変．

大きいようです．手綱核の神経細胞は中脳の脚間核神経細胞に直接神経結合していますが，外側亜核の神経細胞は背側脚間核へ，内側亜核のそれは腹側脚間核へ選択的に投射しています．したがって，背側脚間核は大きな外側亜核をもつ左手綱核から主要な入力を受けており，腹側脚間核は大きな内側亜核をもつ右手綱核から多くの入力を受けることになり，手綱核－脚間核間の神経回路には非対称性があります．

　松果体と副松果体は手綱核から突出した左右1対をなす形態的・機能的に非対称な組織です．松果体は副松果体に比べて大きく，副松果体の右側に位置します．松果体は光受容器であり，夜間にメラトニンを分泌し概日リズムに関与しています．副松果体は背側間脳の左右両側から前駆細胞が左側に移動，集合することによって形成され，左手綱核のみに神経結合します．副松果体を発生早期にレーザー照射などで除去すると，手綱核の左右差形成が阻害されることが知られています．したがって，副松果体の移動と左手綱核への選択的な投射は，手綱核の非対称性形成に関与していると考えられています（相澤，岡本，2008）．

　魚類におけるこのような松果体複合体および手綱核の形態的・機能的非対称性形成に胚期の数時間のみ，間脳上部左側に一過性に発現する Nodal 経路が重要であることが知られています（図 5.7a）．ゼブラフィッシュでは受精後

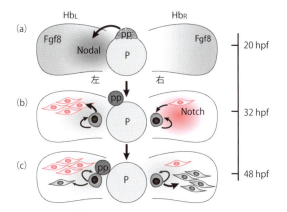

図 5.7 ゼブラフィッシュの視床上部（背側間脳）左側での Nodal 経路の発現と手綱核亜核の非対称性形成の模式図
(a) 受精後 20〜24 時間ころ，両側の手綱核に発現する繊維芽細胞増殖因子 8（fibroblast growth factor 8: Fgf8）および左手綱核に発現する Nodal 経路によって副松果体前駆細胞が左手綱核に移動・集合して副松果体（pp）を形成します．
(b) 神経幹細胞の分化を抑制する Notch シグナルが右手綱核において特異的に発現します．このため早期に誕生する外側亜核の神経細胞（ピンク）は左側で多くなります．
(c) Notch シグナルが消失する後期においては，左手綱核ではすでに神経幹細胞が枯渇しています．このために遅れて誕生する内側亜核の神経細胞（グレー）は右手綱核で多くなります．
Hb_L, Hb_R: 左, 右手綱核, pp: 副松果体, P: 松果体．図右の数字は受精後（postfertilization）の時間（hpf）を示します．
Concha et al. (2012) を改変．

20〜24 時間前後の時期といわれ，松果体複合体や手綱核が形成されるよりも少し前の時期です．Nodal 経路を構成する Nodal, Lefty および Pitx2 のすべてが一過性に発現します．この発現は左側板中胚葉での Nodal 経路の発現が間脳左まで伝播したものと考えられているようですが，距離的にはかなり離れており，どのように伝達されるのかその詳しいメカニズムはわかっていないようです．ともあれ，この間脳上部左側で一過性に発現する Nodal 経路が，松果体と副松果体の配置，および手綱核の形態的・機能的非対称性を制御していることを示唆するいくつかの証拠があります．たとえば，Nodal 経路の発現が左右にランダム化した変異体では，発現が右に起こったものでは間脳の左右非対称性が逆転します．さらに，脊索が形成されないために Nodal 経路が両側に発現される変異体，あるいは Nodal 経路の発現がまったく起こらない変

異体では，間脳上部の非対称性は正常と逆位が1:1で出現します．すなわち，Nodal 経路が両側に発現しても，発現がまったくなくても，間脳の非対称性はランダム化し，同じ表現型を与えます．これらの事実は，間脳の非対称性形成における間脳上部左側に発現する Nodal 経路の重要性を示唆するとともに，その役割は間脳の左右非対称性の方向性を決定することであり，非対称性そのものを生み出すメカニズムは Nodal 経路とは別に存在することを示唆しているように思われます．

　魚類脳の非対称性形成においてこのように重要な間脳上部左側における Nodal 経路の一過性発現ですが，実はマウスでは知られていません．マウスでも左右手綱核の細胞数など，形態的な非対称性はあるようですが，間脳上部における Nodal 経路の発現は知られていません．理由は明らかでありませんが，マウス胎児の発生過程が母親の胎内で進行するために観察が困難で見落とされているとか，あるいはマウスでは Nodal 経路以外の因子が類似の機能を果たしている可能性などが考えられるかもしれません．

　先に，間脳の左右非対称性を実際に生み出すメカニズムは Nodal 経路とは別に存在する可能性が示唆されていることについて記しました．これに関して，ゼブラフィッシュの手綱核では亜核の大きさに左右差が生じるには Notch シグナルが重要であることが指摘されています．神経細胞は分裂を繰り返す神経幹細胞から分化し，分化した神経細胞はその後分裂しなくなります．Notch シグナルは神経幹細胞の分化を抑制的に制御することが知られています（図5.7b）．*Notch* 遺伝子がコードしている Notch タンパク質は膜貫通型の受容体です．Notch の細胞外領域が特定の基質タンパク質と結合するとその細胞内領域が切断されて核内に移動し，神経幹細胞の分化を抑制します．神経幹細胞は，対称分裂によって2つの等価な神経幹細胞を生み出す場合と，非対称分裂により1つの神経幹細胞と1つの分化した神経細胞になる場合があります．Notch シグナルが活性化されると，対称分裂が促進され，非対称分裂は抑制されます．その結果，神経幹細胞は対称分裂を繰り返して未分化な状態にとどまり，分化した神経細胞が生じません．

　手綱核神経細胞では，外側亜核の神経細胞が内側亜核の神経細胞よりも早く誕生します（図5.7b）．早期に誕生する外側亜核の神経細胞は左側でより多く

誕生し，後期に誕生する内側亜核の神経細胞は右側で多く誕生します．それは，手綱核形成の早期には右手綱核に Notch シグナルが発生して神経の分化が抑制されるために，早期に分化する外側亜核の神経細胞は左手綱核に多くなります．Notch シグナルが消失する後期においては，左右の手綱核で神経細胞の分化が促進され内側亜核の神経細胞が生じますが，左手綱核ではすでに神経幹細胞が枯渇しているために内側亜核の神経細胞は右手綱核で多くなるということのようです（図 5.7c）．しかし，Notch シグナルの左右非対称な発現は間脳上部で発現される Nodal 経路によって制御されているのか，受容体である Notch に実際に結合しているリガンドは何か，などに関してはまだ明らかではありません（Aizawa et al., 2007）．

5.3.3　ヒラメとカレイの眼位決定機構 1─変態期の異体類に起こる脳と頭蓋骨の著しい非対称化

　胚期における左右軸形成機構は魚類に共通で，ヒラメ・カレイなどの異体類とゼブラフィッシュで違いはなく，Nodal 経路とクッパー胞が中心的な役割を果たしています．ヒラメの場合クッパー胞は受精後約 20 時間で出現し，6 時間ほどで消失するようです．異体類においてもクッパー胞内に発生する左向きの繊毛流により左側板中胚葉に Nodal 経路が誘導され，それが間脳上部まで伝達されて間脳上部左側に一過性に発現する Nodal 経路により，松果体複合体および手綱核の非対称性形成が制御されることなども異体類とゼブラフィッシュで同様です．この間脳上部左側における一過性の Nodal 経路発現は，胚期を過ぎるとほぼ消失します．胚期の Nodal 経路発現が終了してからおよそ 15 日後に変態期が始まり，片側眼球だけが反対の顔面に向かって移動します（図 5.8）．しかし，眼球自身が何らかの位置情報をもち，自律的に移動するわけではないようです．眼球移動に先立って，頭蓋骨に捻れが生じ，さらには脳全体が非対称化することによって，眼球は押しやられるようにして移動する，というのが，起こっていることの正しい表現のようです．したがって変態期の脳と頭蓋骨に起こる捻れの方向（非対称性の向き）と，眼の移動の方向は一致しています．

　変態期のヒラメ・カレイでは眼球移動が始まる数日前に脳の非対称化が始まります．左右の手綱核は変態期初期までは，間脳下部に左右対称に配置してい

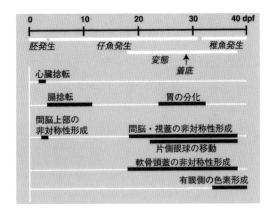

図 5.8 ヒラメの左右非対称性形成の過程
　　上部の数字は受精後の日数（dpf）です．下に非対称性形成を伴う形態変化とそれが起こる時期を示します．鈴木ほか（2005）を改変．

ます．しかし，変態期に入ると手綱核は間脳下部の上を滑るように右か左に移動し，最終的には左右の手綱核がともに間脳下部の片側半球上に配置するようになります（図 5.9）．手綱核の移動方向と眼位はリンクし，手綱核が右に移動した場合には右眼が移動し，左に移動すると左眼が移動します．またヒラメでもカレイでも手綱核は移動の間に右核が左核より 30〜40％大きく成長し，大きさにも左右差が生じます．

　また，視蓋の左右半球の大きさにも顕著な左右差が認められるようになります．硬骨魚類の視交差は完全交差型で，右眼からの視神経は視蓋左半球に投射し，左眼からの視神経は視蓋右半球に投射します．異体類では移動しない眼球が投射する視蓋半球が，移動する眼球が投射する視蓋半球よりも大きく発達します．すなわち，右眼が移動するヒラメでは右の視蓋半球が大きくなり，手綱核は右に移動します．カレイはちょうど逆になります．

　異体類でも初期仔魚には脳にこのような非対称性は見られません．したがって異体類では変態期において，片側眼球の移動に先立ち間脳が有眼側に向かって捻れ，視蓋に大きさの左右差が生じ，間脳から中脳にかけて強い左右非対称性が形成されます．

　さらに，ヒラメ・カレイの頭蓋骨，とくに両眼球の間を通る骨格にも顕著な

5.3 魚類の脳の非対称性形成機構

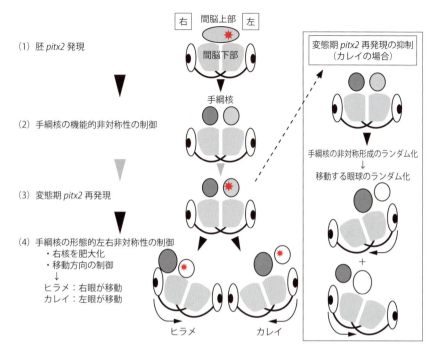

図 5.9　Nodal 経路による異体類の脳と眼球の非対称性形成モデル
(1) クッパー胞と Nodal の作用により，間脳上部左側に *pitx2* が発現します．
(2) *pitx2* の作用により，手綱核の機能的左右非対称性の方向が制御されます．ここまではゼブラフィッシュなどと同じです．
(3) 変態期に *pitx2* が左手綱核で再発現します．
(4) 再発現した *pitx2* の作用により，手綱核に 2 つの変化が起こります．一つは，ヒラメ・カレイともに右手綱核が左より大きくなります．二つ目は，ヒラメでは手綱核が右に移動し，カレイでは左に移動します．手綱核が右に移動すると右眼が左に移動し，左に移動すると左眼が右に移動します．もし変態期 *pitx2* の再発現が抑制されると，手綱核の非対称性がランダム化し，その結果眼位もランダム化します．ヒラメと左眼位となったカレイでは，手綱核のサイズの非対称性が逆になります．
鈴木（2010）を改変．

左右非対称性が現れます．変態期になると，移動を始める眼球の上方を通る軟骨が部分的に消失し，鼻殻の近傍では強い捻れが生じて，両眼球の間の骨格に左右非対称性が生じます．両眼球の間の軟骨の非対称性形成が，頭蓋骨で最初に起こる非対称性形成であり，眼球移動に先行します．この時期の間脳はすでに捻れを形成しており，したがって眼の移動よりも間脳の捻れと，頭蓋骨の非対称性形成が先行して始まることになります．

5.3.4 ヒラメとカレイの眼位決定機構 2 ― *pitx2* の再発現

このように，脳と頭蓋骨の劇的な非対称化が変態期のヒラメ・カレイに発生し，そのなかで眼球移動が起こっています．変態期の異体類で起こる脳の非対称性形成の方向や眼位も胚期に発現される Nodal 経路によって制御されているのかというと，どうもそうではないようです．なぜなら，胚期の Nodal 経路の発現は一過性であり，遺伝子発現が停止してから眼球移動が始まるまで 15 日以上の時間差があります．また，ある一群のカレイでは胚期の Nodal 経路が 100％正常に発現し，内臓の非対称性も正常に発生したにもかかわらず，眼位異常が 34％の高率で発生したとの報告があるようです．胚期の Nodal 経路が正常でも眼位逆位が発生するのですから，胚期の Nodal 経路だけでは眼位はまだ決められていないことになります．

実は変態期の異体類では，両眼球の間の軟骨に非対称性の形成が始まる時期に，手綱核の背側正中部に *pitx2* が再発現することが知られています（Suzuki et al., 2009）（図 5.9, 5.10）．眼位，および変態期に形成される脳の非対称性の向きを直接制御しているのは，この変態期に再発現する *pitx2* であることを示唆するいくつかの証拠があります．たとえば，通常眼位の逆位がほとんど起こらないヒラメでは，ほぼ 100％の仔魚で *pitx2* が再発現します．ところが 60％の仔魚で *pitx2* の再発現が起こらなかったある一群のカレイでは，34％の仔魚で眼位異常が発生したとの報告があります．また，*pitx2* の再発現が起こらないと，ヒラメでもカレイでも手綱核の移動方向とサイズの左右差がランダム化し，眼位に逆位やイソメリズムが発生することも知られています．したがって，手綱核の背側正中部に再発現する *pitx2* がヒラメ・カレイの眼位を制御していることが強く示唆されます．しかし，この同じシステムを使って眼位をヒラメ型とカレイ型に導くしくみはまだ明らかでないようです．

ヒラメ胚を Nodal 経路発現の阻害剤で処理すると，胚期の Nodal 経路発現が欠損し，変態期の *pitx2* 再発現も欠損して眼位の異常が発生します．したがって，変態期の *pitx2* 再発現が胚期に発現される Nodal 経路の影響を受けていることも事実です．しかし，*lefty* や *charon* の再発現は検出されないことから，*pitx2* の再発現は，発生初期に胚クッパー胞で起こるような Nodal

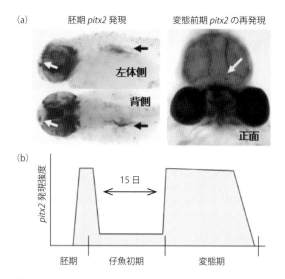

図5.10 ヒラメ発生における*pitx2*の発現・再発現の部位(a)とその時期による相対的発現強度の推移(b)
矢印は*pitx2*の発現部位を示しています。鈴木（2011）を改変．

経路の発現が変態期に新たに発動されるのではなく，胚期に*pitx2*を発現した細胞が変態期に再発現を起こすのではないかと考えられています（図5.10）．胚期および変態期の*pitx2*発現と内臓の配置および眼位の関係をまとめると次のようになります．

(1) 胚期に*pitx2*が左側に発現し，変態期にも左側に再発現した場合，内臓と眼位は両方とも正常になります．これが正常な発生の場合です．
(2) 胚期に*pitx2*が左側に発現したが，変態期には再発現しなかった場合，内臓の非対称性は正常ですが，眼位はランダム化し逆位が発生します．
(3) 胚発生で*pitx2*が右に発現した場合，変態期の発現も右となり，内臓，眼位ともに逆転します．
(4) 胚期に*pitx2*が発現しない場合，変態期の再発現も起こらないので，内臓，眼位ともにランダム化します．
(5) 胚期の*pitx2*がランダム化した場合，変態期の再発現もランダム化します．そのため半数で内臓逆位が発生し，眼位の逆位も半数発生します．

異体類の変態は甲状腺ホルモンにより制御されていることが知られています．甲状腺ホルモンが受容体と結合すると，その複合体は核内に移行し，DNAに結合して特定のRNAの転写活性を調節します．*pitx2*の転写調節領域には，甲状腺ホルモン受容体とコルチゾール受容体に対するコンセンサス配列が存在するようです．また，コルチゾールがヒラメ仔魚の*pitx2*発現を活性化することも明らかになっています．したがって，変態関連ホルモンによって，胚期に*pitx2*を発現した細胞に再発現が誘導されている可能性が示唆されています．今のところ，ゼブラフィッシュでは*pitx2*の再発現は確認されていないようですが，メダカ，フグ，カンパチなど他の魚種では確認されています．したがって，*pitx2*の再発現は眼位制御のためにカレイ目だけに特別に進化したシステムというわけでもないようですが，その生理的意義についてはまだ明らかでないようです．

Q カレイ目以外の魚類では眼球移動が起りませんが，*pitx2*の再発現があるという説明です．眼球移動が起こる原因は*pitx2*以外の要因も関わるということなのでしょうか．

A そうかもしれませんが，ここではむしろ眼球移動のない異体類以外の硬骨魚類でも*pitx2*の再発現があることが重要なのだと思います．ですが残念なことにその生理的意義についてはまだ明らかでないようです．魚類脳内におけるさまざまな非対称性形成のシグナルとして，まだ知られていない機能が果たされているのかもしれません．

参考文献

Aizawa, H., Goto, M., Sato, T., Okamoto, H. (2007) Temporally regulated asymmetric neurogenesis causes left-right difference in the zebrafish habenular structures. *Dev. Cell.*, **12**(1), 87-98. PubMed PMID: 17199043.

相澤秀紀，岡本 仁 (2008) ゼブラフィッシュ脳の左右非対称性とその発生機構. 細胞工学, **27**, 576-581.

Concho, M. L., Bianco, I. H., Wilson, S. W. (2012) Encoding asymmetry within neural circuits. *Nat. Rev. Neurosci.*, **13**(12), 832-843

Goto, K., Kurashima, R., Gokan, H., Inoue, N., Ito, I., Watanabe, S. (2010) Left-right asymmetry defect in the hippocampal circuitry impairs spatial learning and working memory in *iv* mice. *PLoS One.*, **5**(11), e15468. doi: 10.1371/journal.pone.0015468. PubMed PMID: 21103351; PubMed Central PMCID: PMC2984506.

Hashimoto, H., Rebagliati, M., Ahmad, N., Muraoka, O., Kurokawa, T., Hibi, M., Suzuki, T. (2004) The Cerberus/Dan-family protein charon is a negative regulator of Nodal signaling during left-right patterning in zebrafish. *Development*, **131**, 1741-1753.

Kawakami, R., Dobi, A., Shigemoto, R., Ito, I. (2008) Right isomerism of the brain in inversus viscerum mutant mice. *PLoS One.*, **3**(4), e1945. doi: 10.1371/journal.pone.0001945. PubMed PMID: 18414654; PubMed Central PMCID: PMC2291575.

鈴木 徹（2010）ヒラメ・カレイ類誕生の謎に迫る．田中 克ほか 編，『水産の21世紀―海から拓く食料自給』, pp.374-387, 京都大学学術出版会.

鈴木 徹（2011）内臓の左右非対称性を制御するノダル経路によるヒラメ・カレイ類の眼位制御機構. 日本水産学会誌, **77**, 364-367.

鈴木 徹，橋本寿央，有瀧真人，宇治 督，黒川忠英（2005）ヒラメ・カレイの体の左右非対称性と内臓・脳の左右非対称性形成との関わり．動物遺伝育種研究, **33**, 47-57.

Suzuki, T., Washio, Y., Aritaki, M., Fujinami, Y., Shimizu, D., Uji, S., Hashimoto, H. (2009) Metamorphic *pitx2* expression in the left habenula correlated with lateralization of eye-sidedness in flounder. *Dev. Growth Differ.*, **51**(9), 797-808. doi: 10.1111/j.1440-169X.2009.01139.x. Epub 2009 Oct 15. PubMed PMID: 19843151.

武田洋幸（2008）小型魚類を通して見る脊椎動物の左右非対称性形成機構．細胞工学, **27**, 558-563.

Wolpert, L., Tickle, C. 著，武田洋幸，田村宏治 監訳（2012）『ウォルパート 発生生物学』，メディカル・サイエンス・インターナショナル.

6 脳の非対称性形成における免疫系タンパク質の役割

　前章までに Nodal 経路によって脳および身体の左右が決定される様子を見てきました．本章では，この決定に基づいて左右の非対称性がどのような機構で作り出されるのか，マウス海馬神経回路の非対称性形成における免疫系タンパク質の役割を中心に紹介します．

6.1　神経回路形成機構の概略

　脳神経系の回路形成に関して，神経科学の教科書ではおよそ次のように説明されています．神経細胞の軸索は拡散性の化学誘引物質（chemoatractant）に誘導されて伸長します．軸索尖端の成長円錐（growthcone）にはこれらの化学物質と結合する受容体が発現しています．軸索の伸長を阻害する物質や軸索が忌避する化学忌避物質（chemorepellent）などの存在も知られ，軸索はこれらの物質があると伸長できないか，または忌避物質から遠ざかる方向に伸長します．標的部位にたどり着いた軸索はその部位の神経細胞とシナプスを形成します．このときシナプス形成ができなかった軸索およびその細胞体は標的細胞からの神経栄養物質（neurotrophin）を受け取れないために，アポトーシス（apotosis）を起こし死滅してしまいます．これらの過程を経て生き残ったシナプスも，その後さらに神経活動依存的に再構築され，活動性の高いシナプスは存続し，シナプス結合が強化されたり，数が増加したりします．一方，活動性の低いシナプスはしだいに消滅してしまいます（刈込み，pruning）．

　このような機構により一般的な神経回路の構築は可能でしょう．しかし，固

有の特性をもった神経回路の実現には，このような一般的なしくみに加えて，さらに高度なしくみが必要であるように思われます．たとえば，マウス海馬のような非対称性をもった神経回路を構築するためには，シナプス後細胞はシナプス前線維の起源が右脳か左脳かを識別する必要があります．そのためには，シナプス前線維の終末は自身の起源が左右どちらの脳半球であるのかを示すシグナルをもっていなければならないでしょう．シナプス後細胞はこのシグナルを識別し，その情報を細胞内に伝えて，受容体サブユニットの特異的な分配や輸送などを制御しなければなりません．このように，固有の特性をもった神経回路の構築には，シナプス形成に関わるシナプス前終末と後細胞，すなわちsynaptic partner が互いを識別し合う機構の存在が不可欠であると思われます．筆者らはこの識別機構に免疫系タンパク質が関与している可能性を見出しました．

6.2 主要組織適合性複合体とその受容体の脳神経系における発現

かつて脳は全身を支配する免疫系による監視から免れ，免疫反応や炎症反応を起こさない免疫特権（immune privilege）をもつ組織であり，免疫系で機能しているタンパク質などは脳では検出されないといわれていました．ところが近年，細胞性免疫においてよく知られている主要組織適合性複合体クラス-1 (major histocompatibility complex class I: MHCI) が脳の神経細胞にも発現していることが明らかになりました．これまでに，大脳皮質，外側膝状体，海馬，小脳などの神経細胞のシナプス部位，さらに鼻腔の性フェロモン受容器や運動神経の神経筋接合部などで MHCI が検出されています．

6.2.1 MHCI の構造と機能

MHCI は臓器移植の際，拒絶反応を起こすしくみに関係する抗原提示タンパク質であり，免疫機構における自己と非自己の識別に関与しています．すなわち，MHCI は私たちの身体を構成する細胞の中でつくられているタンパク質の一部をなす小さなペプチド断片を結合して細胞表面に現れ，自分自身のものではない異常なタンパク質がつくられていないことを免疫担当細胞に伝える

第6章 脳の非対称性形成における免疫系タンパク質の役割

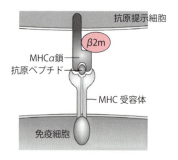

図 6.1　MHCI の分子構造
　　MHCI は，膜貫通タンパク質であるα鎖，β2m および抗原ペプチドの 3 量体として機能します．

はたらきをしています．このしくみは，たとえばウイルスなどが侵入して体内で自分自身のものとは異なるタンパク質がつくられはじめたとき，速やかに異常事態の発生を免疫担当細胞に伝え，感染された細胞を破壊する防御機構（**細胞性免疫機構**）として重要です．しかし臓器移植などでは，この防御機構が自分自身のものとは異なる移植臓器を異物と認識し，これを排除しようとして拒絶反応をひき起こすことにもなるのです．このように，MHCI は免疫系の高度分子識別能力の一翼を担う重要な抗原提示タンパク質としてよく知られており，すべての有核細胞と血小板に発現しています．

　MHCI 分子は通常，α鎖，**β2 ミクログロブリン（β2m）**および抗原ペプチドからなる 3 量体で機能すると考えられています（図 6.1）．最も大きなサブユニットであるα鎖は 45 kDa の膜貫通型糖タンパク質であり，3 つの細胞外ドメイン α_1，α_2 および α_3 と膜貫通ドメインおよび短い細胞内ドメインにより構成されています．α_1 および α_2 領域は可変性に富んでおり，抗原ペプチドを結合する部位を含んでいます．α_3 領域は免疫グロブリンに類似した構造をしています．α鎖をコードする MHC 遺伝子群はマウスでは H2 領域とよばれ，第 17 番染色体上にあり，H2-K，H2-D および H2-L の 3 種類が知られています．これらはすべて共優性であるとともに多型性であり，齧歯類では 70 種以上の遺伝子多型が報告されています．このような遺伝子の重複と多型により，α鎖の多様性が生み出されているのです．

　β2m は 13 kDa のタンパク質であり，イムノグロブリンに類似した構造を

もち，α鎖の α_3 領域に非共有結合によって会合します．β2m をコードする遺伝子はマウスの第 2 番染色体上にありますが，これをコードする遺伝子に重複や多型は見られません．

　抗原ペプチドは通常 9〜11 個のアミノ酸によって構成されています．これらは，細胞内で合成されたタンパク質が細胞質のプロテアソームで分解されて生じたペプチド断片であり，したがって自身のタンパク質か，あるいは感染したウイルスのタンパク質などに由来します．分解産物である抗原ペプチドは，ATP 依存性のペプチドトランスポーターである TAP（transporter associated with antigen processing）によって小胞体内腔に運ばれ，そこで MHCI と結合します．MHCI が細胞質膜上に出現するためには β2m および抗原ペプチドと結合する必要があり，これらと結合していない α 鎖はほとんど細胞膜表面へ輸送されません．

解説　共優性

　MHC は非常に多型性に富んでいるので，ほとんどの個体はそれぞれの遺伝子座に関してヘテロ接合になっています．さらにすべての個体において，父方および母方由来の対立遺伝子が両方とも発現し，これらの遺伝子産物がすべての MHC 発現細胞に認められます．このような状態のことを共優性（codominant）といいます．

解説　プロテアソーム

　プロテアソーム（proteasome）は真核細胞の細胞内においてタンパク質の分解を行う巨大な酵素複合体です．細胞質および核内のいずれにも分布しています．ユビキチンによって標識されたタンパク質を分解する系はユビキチン–プロテアソームシステムとよばれます．

6.2.2　MHCI 受容体としての T 細胞受容体

　MHCI/抗原ペプチド複合体は，細胞傷害性 T 細胞（キラー T 細胞）の細胞表面に存在するT 細胞抗原受容体（T cell antigen receptor: TCR）によっ

第6章 脳の非対称性形成における免疫系タンパク質の役割

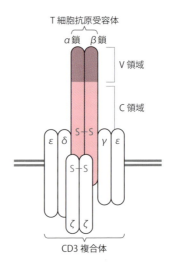

図 6.2 T 細胞抗原受容体（TCR）の分子構造
TCR は α 鎖，β 鎖が S-S 結合で繋がれたヘテロ二量体で，それぞれの鎖には可変領域（V 領域），定常領域（C 領域）が存在します．受容体の細胞内領域は大きな CD3 複合体と結合しています．

て識別され，キラー T 細胞を活性化することが知られています．活性化されたキラー T 細胞はヘルパー T 細胞が産出するインターロイキン 2（IL-2）の作用も得て成熟キラー T 細胞へと分化し，細胞傷害性をもつようになります．この TCR が脳神経細胞にも発現していることが近年明らかになりました．なかでも大脳皮質第 6 層，外側膝状体を含む視床および扁桃体に強い発現が見られるようです．一方，海馬には発現が確認されていません．TCR は α 鎖および β 鎖からなるヘテロ 2 量体です（図 6.2）．それぞれの鎖は，細胞外の抗原認識部位，膜貫通部位および短い細胞内部位からなっています．ヘテロ 2 量体の細胞内部位は CD3 複合体とよばれる細胞内シグナル伝達ユニットと結合し，大きな複合体を形成しています．CD3 複合体はすべての T 細胞に共通の構造体であり，γ 鎖，δ 鎖，ε 鎖および ζ-ζ 鎖ホモ二量体から構成されています（図 6.2）．これらサブユニットの細胞内領域には免疫受容体チロシン活性化モチーフ（immunoreceptor tryrosine-based activation motif: ITAM）とよばれる特殊なアミノ酸配列が存在します．ITAM には 2 つのチロシン残基が含まれ，そのリン酸化が細胞内シグナル伝達の開始には不可欠です．これ

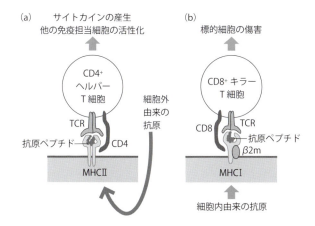

図 6.3 補助受容体としての CD4(a) および CD8(b)
CD8 は MHCI と，CD4 は MHCII と相互作用することにより TCR 刺激を増強します．
小安重夫 編（2005）を改変．

らのリン酸化には細胞内に存在する Src ファミリーチロシンキナーゼ (protein tyrosine kinase: PTK) が関与していることが知られています．ITAM のリン酸化に続いて，ホスホリパーゼ C（PLC）の活性化やそれに伴う細胞内 Ca^{2+} の動員，低分子量 G タンパク質 Ras や Rac およびさまざまな転写因子群の活性化など，多様な細胞内反応が誘導されることが知られています．これらは最終的に核内において新たな遺伝子の発現を導き，T 細胞の分化が促されます．しかしながら，T 細胞が充分に活性化されるためには TCR の単独刺激だけでは不十分であり，T 細胞と抗原提示細胞の相互作用を補うさまざまな共刺激や補助受容体（co-receptor）が必要であることが知られています．たとえば，CD4 や CD8 は T 細胞がもつ MHC 結合性の補助受容体としてよく知られています．CD4 は MHCII と，CD8 は MHCI と相互作用します．これらは一回膜通過型の膜タンパク質であり，その細胞内領域にはチロシンキナーゼ（Lck）が会合しています（図 6.3）．Lck は TCR/CD3 複合体のζ鎖に会合している ZAP-70 キナーゼなどを活性化します．すなわち，補助受容体刺激は TCR 刺激と細胞内シグナル経路を共有しており，これらが同時に活性化されることによって TCR 刺激が増強されると考えられています．

> **解説** 細胞傷害性 T 細胞（キラー T 細胞），ヘルパー T 細胞
>
> 免疫担当細胞のうち，抗体産生に関わる細胞を B 細胞，拒絶反応に関わる細胞を胸腺（thymus）の頭文字をとって T 細胞とよんでいます．さらに，T 細胞は B 細胞と相互作用して免疫反応の調節を行う CD4 陽性（CD4$^+$）のヘルパー T 細胞とウイルス感染細胞の除去を行う CD8$^+$ のキラー T 細胞（細胞傷害性 T 細胞）の 2 つに大別されます．いずれも胸腺で分化します．

> **解説** CD ナンバー
>
> 1970 年代の終わりころ，ヒト白血球の表面抗原に対するモノクローナル抗体が多数作製されました．その結果，それぞれの研究室が作製したモノクローナル抗体が何を認識しているのか，それぞれの抗体が認識している抗原が同じなのか，異なっているのかについて混乱が生じ，異なる研究室からの実験結果を比較することも困難になってしまいました．1981〜2 年にかけて，ヨーロッパ白血病学会でこの問題が議論され，その結果，同じ抗原を認識する抗体群を同じ番号で分類することになりました．この際，表面抗原には細胞の機能や分化に関わる分子が含まれているということで，cluster of differentiation を意味する略号 CD を番号の前につけることが決まりました．このように，CD 分類は本来モノクローナル抗体の分類ですが，モノクローナル抗体が認識する表面抗原も同じ番号でよばれています．

6.2.3 脳で重要なもう一つの MHCI 受容体――ペア型免疫受容体

免疫受容体のなかには，細胞外領域の構造が似ているにもかかわらず，細胞内領域の構造が異なるために，互いに正反対の機能をもつ一群の免疫受容体があります．このような受容体群は，ペア型免疫受容体（paired immunoglobulin-like receptor: Pir）とよばれています．ペア型受容体は相同性の高い細胞外ドメインをもつため，同じリガンドに結合することもしばしばあり，互いに正反対な機能の相対的なバランスにより正または負のシグナルが調節されています．MHCI をリガンドとするペア型免疫受容体に PirA および PirB とよばれる 1 対の受容体対があります（遠藤，高井，2014）．PirA，PirB はともに細胞外領域に 6 つの免疫グロブリン様ドメインをもつ I 型（直

6.2 主要組織適合性複合体とその受容体の脳神経系における発現

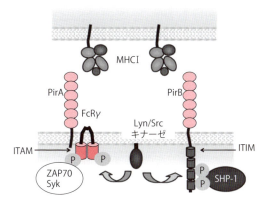

図 6.4 ペア型免疫受容体，PirA および PirB とそのシグナリング機構
ペア型受容体は細胞外に複数個の免疫グロブリン様ドメイン（オレンジの丸）をもっています．PirB は細胞内に ITIM（緑色の円筒）をもち，SHP-1 などの脱リン酸化酵素を活性化することによって抑制性シグナルを伝達します．一方 PirA は ITAM（赤色の円筒）を有するアダプタータンパク質，FcRγ，を介して ZAP70 や Syk などのリン酸化酵素を活性化することにより活性化シグナルを伝達します．Takai（2005）を改変．（カラー図は口絵5参照）

鎖状）膜貫通タンパク質です．PirA は短い細胞内領域をもち，ITAM をもつアダプタータンパク質，FcRγ，を介して ZAP70 や Syk などのリン酸化酵素を活性化することによって活性化シグナルを伝達し，免疫応答を正に調節する活性型受容体です（図 6.4）．一方，PirB はその細胞内領域に 4 個の不活性化モチーフ（immunoreceptor tryrosine-based inhibitory motif: ITIM）をもち，SHP-1（Src homology 2-containing tyrosine phosphatase-1）や SHP-2 などの脱リン酸化酵素を活性化することによって抑制性シグナルを伝達し，免疫応答を負に調節する抑制型受容体です．PirA と PirB はすべての細胞で常に同時に発現しているわけではなく，その発現は細胞の種類によっておおむね決まっているようです．たとえば，マクロファージ，樹状細胞およびマスト細胞では PirA と PirB がともに発現していますが PirB 優勢であり，B 細胞では PirB のみが発現さしています．最近，これらのペア型受容体が脳神経細胞にも発現していることが明らかになりました．たとえば PirB は海馬の錐体細胞および小脳顆粒細胞などに発現していることが確認されています．

6.3 脳神経系における MHCI の非免疫機能

最近，MHCI が中枢神経系において，免疫系における機能とは異なるはたらきをしているとの報告が数多くなされています．以下にいくつかの例を紹介します．

A. 外側膝状体

視床内の外側膝状体は，眼から一次視覚野へ向かう視神経の中継核であり，左右脳半球に 1 対存在します．ヒトの場合，左右いずれの外側膝状体にも同側および反対側の眼から，網膜の神経節細胞（ganglion cell）の軸索が入力を構成します．両側からの入力は，幼弱期には分離が悪く互いに入り交じった状態にありますが，成長するにつれ視神経細胞の活動依存的に，左右の眼からの入力がそれぞれ特定の層に分離します（図 6.5）．マウスの場合，左右の視神経系はほぼ完全に交差していることが知られており，したがって外側膝状体への同側入力は多くはありませんが，少数ながら存在しています．マウスの場合も両側からの入力は，幼弱期には分離が悪く，少数の同側入力は外側膝状体内部に広がっていますが，成長とともに外側膝状体内の狭い範囲に集中するようになります（図 6.5）．ところが MHCI のサブユニットである $\beta 2m$ と抗原ペプチドの輸送に関連する TAP1 を両方欠損させたノックアウトマウスでは，このような神経活動依存的な同側入力シナプスの集中（局在化）が阻害され，外側膝状体内に広がったままになる傾向が見られます（図 6.5）．すなわち，$\beta 2m$ と TAP1 のダブルノックアウトマウスでは外側膝状体シナプスの活動依存的な再構成が阻害されます．同様な現象が MHCI の膜貫通サブユニットをコードする，H2-K/H2-D のダブルノックアウトマウスでも報告されています (Huh et al., 2000; Lee et al., 2014)．

B. 一次視覚野

大脳皮質の一次視覚野第 4 層の神経細胞には外側膝状体から入力する軸索がシナプスを形成します．すでに述べたように，マウスの場合左右の視神経系はほぼ完全に交差しています．そのため，同側の眼からの神経シグナルを中継

6.3 脳神経系におけるMHCIの非免疫機能

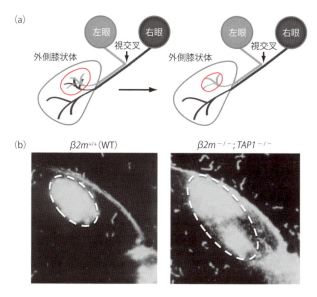

図6.5 外側膝状体への両眼からの入力とその神経活動依存的再構成に対するMHCIシグナルの影響
(a) マウス外側膝状体への両眼からの入力は，両眼の神経節細胞の活動依存的に同側および反対側からの入力が分離され，同側からの入力領域が図に示すように，赤い楕円で示した狭い範囲に制限されるようになります．
(b) MHCIシグナルに関連した *β2m* と *TAP1* のダブルノックアウトマウスでは，野生型（WT）に比べて，この神経活動依存的な入力の再構成が阻害されており，幼若期のように広がったままになる傾向が見られます（白の破線）．
Boulanger（2004）を改変．

する外側膝状体からの入力は，反対側のそれらに比べて少なく，第4層の狭い領域に限定されています．比較的若いマウスの片方の眼を閉鎖（または摘出）して視覚を奪うと，一次視覚野第4層において，閉鎖されていないほうの眼からの同側入力を受ける領域が広がります．これを眼優位性の可塑性（ocular-dominance plasticity）といいます．眼優位性可塑性は野生型マウスに比べて *H2-K/H2-D* ダブルノックアウトマウスや *PirB* 変異マウスにおいてより大きい，すなわち閉鎖されていないほうの眼からの同側入力を受ける領域が広がりやすいことが報告されています（図6.6）（Syken *et al.*, 2006; Datwani *et al.*, 2009）．

第 6 章 脳の非対称性形成における免疫系タンパク質の役割

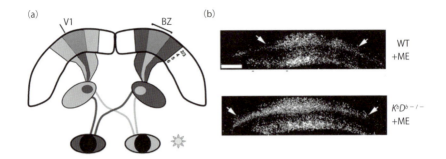

図 6.6 一次視覚野の眼優位性可塑性に対する MHCI の関与
(a)眼および外側膝状体から一次視覚野へ至る視神経のルートを示す模式図．BZ(binocular zone)は両眼からの入力を受けるエリアを示します．V1：一次視覚野．
(b) 比較的若い（生後 20〜30 日齢）マウスにおいて，その片方の眼を摘出（monocular enucleation: ME）して一方からの入力を奪うと（(a)で黒く描いたほうの眼），摘出されていないほうの眼からの入力を受ける領域が広がるため BZ が拡張します（眼優位性可塑性）．この眼優位性可塑性は野生型マウスに比べて $H2\text{-}K/H2\text{-}D$ のダブルノックアウトマウス（$K^bD^{b-/-}$）においてより大きいことがわかりました．矢印ではさまれた部分が BZ です．Datwani et al. (2009) を改変．

C. 海　馬

　海馬 CA1 錐体細胞におけるシナプス伝達に見られる可塑的性質に関しては，よく研究されています．野生型マウスのシナプスでは高頻度の可塑性誘導刺激によって長期増強（LTP）が，低頻度の誘導刺激によって長期抑制（LTD）が誘導されます．これらのシナプス可塑性はいずれも NMDA 受容体依存性であることがよく知られています．ところが，$\beta 2m$ ノックアウトマウスでは低頻度刺激（1Hz, 15 分間）による LTD が見られなくなることを筆者らは明らかにしました（Kawahara et al., 2013）（図 6.7A）．$\beta 2m$ ノックアウトマウスでは高頻度刺激における LTP が増強されるとの報告もありますが（Huh et al., 2000），これに関して筆者らは実験で確認できませんでした．$\beta 2m$ ノックアウトマウスの海馬神経回路の特性に関しては後に詳しく述べることにします．また，マウス海馬の培養細胞においては，自発的に記録されるミニチュア-EPSC（spontaneous mEPSC）の出現頻度が，野生型に比べて $\beta 2m/TAP$ のダブルノックアウトマウスでは増大しますが，mEPSC の大きさに変化は見られないとの報告があります（Goddard et al., 2007）（図 6.7Ba）．同様の結果が一次視覚野第 4 層の神経細胞においても，皮質スライスを用いた

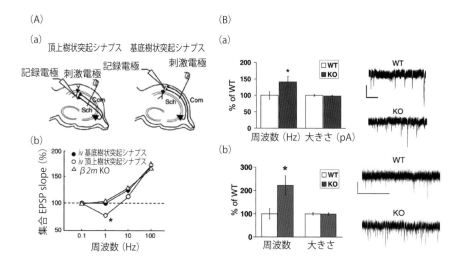

図6.7 海馬と一次視覚野のシナプス活動に対するβ2mノックアウトまたはβ2m/TAP1ダブルノックアウトの影響

(A)(a)の模式図は海馬スライスを用いて，細胞外記録法により集合EPSPを測定するための電極配置を示しています．頂上樹状突起シナプスの測定では記録電極および刺激電極は放線層に配置されます．一方，基底樹状突起シナプスの測定ではいずれの電極も多形細胞層に配置されます．Sch: シャーファー側副枝，Com: 交連線維．
(b)のグラフはivマウスおよびβ2mノックアウト（KO）マウスの海馬におけるシナプス可塑性の刺激周波数依存性を示しています．ε2-non-dominantシナプスであるiv頂上樹状突起シナプス（○）は，1Hzの誘導刺激によりLTDが，100Hzの刺激ではLTPが誘導されました．一方，ε2-dominantシナプスであるiv基底樹状突起シナプス（●）およびβ2m KOマウスのシナプス（△）では100Hzの誘導刺激によるLTPは観察されましたが，1Hzの刺激によるLTDは見られませんでした．0.1Hzはコントロールの刺激周波数を示しています．＊は有意差があることを示します．
Kawahara et al. (2013) を改変．
(B)(a) 海馬の培養細胞におけるミニチュアEPSC（mEPSC）の記録．
(b) 皮質スライスを用い，一次視覚野第4層の神経細胞から記録したmEPSC．いずれの場合も，野生型（WT）に比べてβ2m/TAP1ダブルノックアウトマウス（KO）ではmEPSCの頻度が増大しているが，mEPSCの大きさに差は見られませんでした．＊は有意差があることを示しています．
Goddard et al. (2007) を改変．

実験で得られています（図6.7Bb）．mEPSCの出現頻度の増大は，通常シナプス前終末からの伝達物質放出確率が増大したことを示すと理解されるため，この結果はMHCIがシナプス前終末で機能している可能性を示唆していますが，議論のあるところであり，結論は得られていないようです．

D. 小　脳

　小脳は運動制御（運動学習）において重要な部位であることがよく知られています．小脳の主要な神経細胞はプルキンエ細胞（Purkinje cell: PC）であり，その樹状突起は2つの主要な入力を受けています．ひとつは延髄の下オリーブ核（inferior olive）からの登上線維（climbing fiber: CF）です．個々のPCは下オリーブ核の1個の神経細胞からCF入力を受けていますが，この入力はとても強力です．それは，1個のCFは木の枝に絡みつく蔓（つる）のように標的となるPCの樹状突起に絡みつき，何百もの興奮性シナプスを形成しているからです．したがって，CFの活動電位はPCに非常に大きなEPSP（大きな脱分極）を生じさせます．

　PCへの第二の入力は，小脳においてPC層のすぐ下に層状に分布している小脳顆粒細胞（cerebellar granule cell: GC）からの入力で，平行線維（parallel fiber: PF）によるものです．1本のPFは1個のPCにつき1個のシナプスしかつくりませんが，GCはとても小さく数が多いために1個のPCは10万ものPFとシナプスを形成しています．

　PCへ入力するCFとPFが同期して活動すると，PF-PCシナプスの伝達効率が長時間抑制される，すなわち長期抑制（LTD）が起こることが知られています．*H2-K*, *H2-D*のダブルノックアウトマウスでは，小脳LTDの閾値が低下し，LTDが誘導されやすくなるとともに，運動学習能が向上したとする報告があります（McConnell *et al.*, 2009）（図6.8）．

6.4　神経回路の非対称性形成におけるMHCI/PirB系の役割

　このような知見の蓄積を背景として筆者らは，非対称な海馬神経回路の形成にもMHCIが関与しているのではないかと考えました．そこで，*β2m*ノックアウトマウス（*β2m* KOマウス）を用いて，海馬神経回路の非対称性に対するMHCI機能阻害の影響を検討しました．多様なMHCI分子群のなかで，海馬神経回路の非対称性に関与している分子種を特定することは相当な困難が予想されます．そこで，多様なα鎖をターゲットとすることを避け，必須のサブユニットですが多様性のない*β2m*をノックアウトしたマウスを用いるほう

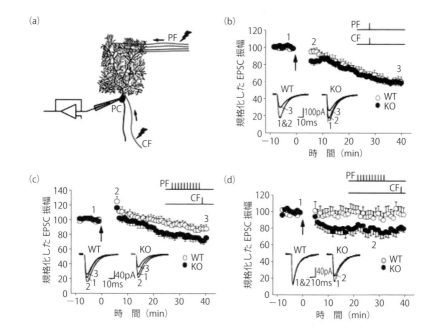

図 6.8　H2-K, H2-D のダブルノックアウトマウスにおける小脳 LTD 閾値の低下
(a) 小脳スライスを用いた LTD 測定のための電極配置．野生型マウス（WT）および MHC のα鎖をコードする *H2-K* および *H2-D* のダブルノックアウトマウス（KO）から作製した小脳スライスを用い，プルキンエ細胞（PC）からホールセル記録を行い，登上線維（CF）および平行線維（PF）を電気刺激します．
(b) CF および PF を同時に 1 Hz の頻度で 5 分間連続刺激すると，WT マウスにおいても KO マウスにおいても，PF-PC シナプスに LTD が誘導されました．
(c) (b) よりもやや弱い誘導刺激を用いた場合．PF を 100 Hz で 10 回刺激し，PF 刺激終了 10 ミリ秒後に CF を 1 回刺激します．このパターン刺激を 15 秒間隔で 30 回行いました．PF-PC シナプスの LTD の大きさは KO マウスのほうが WT マウスよりもやや大きいという結果が得られました．
(d) (c) よりもさらに弱い誘導刺激を用いた場合．PF を 100 Hz で 10 回刺激し，PF 刺激終了 50 ミリ秒後に CF を 1 回刺激しました．このパターン刺激を 10 秒間隔で 30 回行います．KO マウスでは PF-PC シナプスの LTD が観測されましたが，WT マウスでは観測されませんでした．
McConnell *et al.* (2009) を改変．

が手掛かりを得るには良いだろうと考えたからです．電気生理学的，およびシナプス形態学的解析の結果，$\beta 2m$ KO マウスではすべての CA3-CA1 シナプスが ε2-dominant シナプスの性質を示し，海馬神経回路の非対称性が完全に消失していることが明らかになりました（Kawahara *at al.*, 2013）（図 6.9）．

第 6 章　脳の非対称性形成における免疫系タンパク質の役割

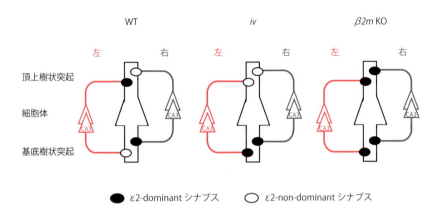

図 6.9　β2m KO マウスにおける海馬神経回路の非対称性消失
シナプス後細胞を真ん中に黒い線で描きました．左の錐体細胞とその軸索を赤で，右のそれらをグレーで示します．iv マウスの神経回路は右側異性を示します．β2m KO マウスでは ε2-non-dominant シナプスが消失し，神経回路の非対称性が完全に消失していました．

さらに，筆者らは遅延非見本合わせ課題を用いて野生型マウスと β2m KO マウスの作業記憶を比較しました（図 6.10）（Goto, Ito, 2017）．用いた課題と試行の手順は iv マウスで実施したものと本質的には変わりませんが，ここで用いたオペラントボックスではレバー選択の代わりに，ライトが点滅する反応ボタン（nosepoke key）を選択させる方法を用いました（図 6.10a）．マウスが装置後方の壁に点灯した反応ボタンを押すと課題が開始されます．課題開始後，装置前面パネルの左右どちらかの反応ボタンが点灯し見本ボタンを提示します．マウスはその見本ボタンを押して見本の場所（右か左か）を記憶します．ある遅延時間の後に，前面パネルの左右 2 つの反応ボタンが同時に点灯します．マウスは，遅延時間が始まる前に押した見本とは反対側の反応ボタンを押すと，正解として餌を得ることができます．β2m KO マウスは野生型マウスと同程度に左右の反応ボタンの位置を区別しましたが，遅延時間が長くなるに従って野生型マウスよりも速く左右位置に関する記憶を失いました（図 6.10b）．すなわち，β2m KO マウスは作業記憶の保持能力において野生型マウスより劣っていることがわかりました．作業記憶の保持能力の劣化は iv マウスにおいても共通に見られた特徴です．しかし，β2m KO マウスに特徴的なのは，見本が左に提示されたときに正答率がより低下する見本位置効果

6.4 神経回路の非対称性形成における MHCI/PirB 系の役割

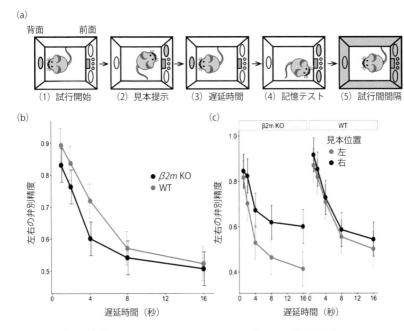

図 6.10　遅延非見本合わせ課題を用いた β2m KO マウスの作業記憶解析
(a) 遅延非見本合わせに用いた装置の模式図および試行の流れ図．
(1) マウスが背面パネルの反応ボタンを押すと課題が始まります．(2) マウスが前面パネルの左もしくは右の見本ボタンを押して，その位置を記憶します．(3) 遅延時間の間，マウスは背面パネルの反応ボタンを押し続けなければなりません．(4) 遅延時間終了後，マウスは見本ボタンと逆の反応ボタンを押すと正解として餌を得ます．(5) 次の試行まで 5 秒間，ボックス内の明かりが消灯します．
(b) β2m KO マウスと野生型マウス（WT）の遅延非見本合わせ課題の結果．遅延時間が課されると β2m KO マウスは野生型マウスに比べてより速やかに作業記憶の精度が低下しました．
(c) β2m KO マウスにみられた見本位置効果．β2m KO マウスは見本ボタンが左に提示された場合，遅延時間の延長に伴う正答率の低下がより著しいことがわかりました．野生型マウスにはこのような傾向は見られません．
Goto, Ito（2017）を改変．

(position effect) が見られたことです（図 6.10c）．野生型マウスや iv マウスにはこのような見本位置効果は見られません．野生型マウスや iv マウスの海馬神経回路にはε2-dominant，ε2-non-dominant シナプスの両方が存在しますが，β2m KO マウスの神経回路は 2-non-dominant シナプスを欠いています．ε2-dominant シナプスはε2-non-dominant シナプスに比べてシナ

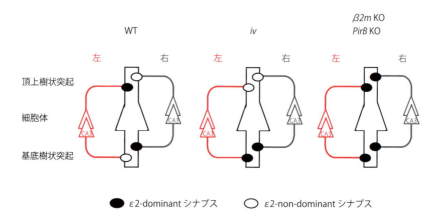

図 6.11　PirB KO マウスにおける海馬神経回路の非対称性の消失
PirB KO マウスは β2m KO マウスと同様に ε2-non-dominant シナプスが消失し，回路の非対称性が完全に消失しています．

プス可塑性の誘導閾値が低いことが知られています（Kawahara et al., 2013; Yashiro, Philpot, 2008）．β2m KO マウスに特徴的なこの見本位置効果は，可塑的性質において異なる特性を示す 2 種類のシナプスのうち 1 つを β2m KO マウスが欠いていることに起因しているのかもしれません．

　さらに最近筆者らは，海馬神経回路の非対称性形成においては，PirB が MHCI 受容体として機能していることを明らかにしました（Ukai et al., 2017）．すでに述べたように，PirB は海馬の錐体細胞および小脳顆粒細胞などに発現していることが報告されています．PirB ノックアウト（PirB KO）マウスの海馬神経回路の特性を，電気生理学的およびシナプス形態学的に解析した結果，β2m KO マウスと同様に PirB KO マウスではすべての CA3-CA1 シナプスが ε2-dominant シナプスの性質を示し，海馬神経回路の非対称性が完全に消失していることが明らかになりました（図 6.11）．これら 2 つのノックアウトマウスの表現形が完全に一致するという事実は，海馬神経回路の非対称性形成に重要な MHCI シグナルは PirB を介して伝えられていることを示唆しています．すなわち，海馬神経回路の非対称性形成には MHCI/PirB 系が決定的に重要であるようです．しかし，β2m KO マウスにおいても PirB KO マウスにおいても海馬錐体細胞シナプスは形成されており，かつ生理的に機能し

ています．したがって，MHCI/PirB系はシナプス形成それ自体には関与せず，それぞれのシナプスに機能的・構造的特徴を誘導することにより，回路の非対称性を形成する過程に関与しているのではないかと筆者らは考えています．すでに述べたように，非対称性のような特性をもった神経回路を構築するためには，シナプス後細胞はシナプス前線維の起源が右脳か左脳かを識別する必要があるでしょう．そのためには，シナプス前線維の終末は自身の起源が左右どちらの脳半球であるのかを示すシグナルをもっていなければなりません．一方，シナプス後細胞はこのシグナルを識別し，その情報を細胞内へ伝えて，受容体サブユニットの特異的な分配や輸送などを制御しなければなりません．このように，固有の特性をもった神経回路の構築には，シナプス形成に関わるシナプス前終末と後細胞，すなわちsynaptic partnerが互いを識別し合う機構が不可欠です．MHCI/PirB系はこのsynaptic partner識別機構に関与しているのではないでしょうか．現在，MHCI自身がシグナル分子として機能しているのか，あるいは免疫系における抗原ペプチドのような小さなペプチドがMHCIと結合することで脳の左右を示す真のシグナル分子を形成しうるのかなど，その詳しい機構はまだ明らかではありません．また，MHCIとPirBがシナプス前終末，後細胞のどちらに局在しているのかなどに関しても，現在研究が進められています．

参考文献

Boulanger, L. M., Shatz, C. J. (2004) Immune signalling in menural development, synaptic plasticity and disease. *Nat. Rev. Neurosci.*, **5**, 521-531.

Datwani, A., McConnell, M. J., Kanold, P. O., Micheva, K. D., Busse, B., Shamloo, M., Smith, S. J., Shatz, C. J. (2009) Classical MHCI molecules regulate retinogeniculate refinement and limit ocular dominance plasticity. *Neuron*, **64**(4), 463-470. doi: 10.1016/j.neuron.2009.10.015. PubMed PMID: 19945389; PubMed Central PMCID: PMC2787480.

Elmer, B. M., McAllister, A. K. (2012) Major histocompatibility complex class I proteins in brain development and plasticity. *Trends Neurosci.*, **35**(11), 660-670. doi:10.1016/j.tins.2012.08.001. Epub 2012 Aug 30. Review. PubMed PMID: 22939644; PubMed Central PMCID: PMC3493469.

遠藤章太，高井俊行（2014）免疫抑制性受容体PIR-Bのリガンド認識様式と免疫調節機構．生化学，**86**, 662-665.

Fourgeaud, L., Boulanger, L. M. (2010) Role of immune molecules in the establishment and plasticity of glutamatergic synapses. *Eur. J. Neurosci.*, **32**(2), 207-217. doi:10.1111/j.1460-9568.2010.07342.x. PubMed PMID: 20946111.

Goddard, C. A., Butts, D. A., Shatz, C. J. (2007) Regulation of CNS synapses by neuronal MHC class I. *Proc. Natl. Acad. Sci. USA.*, **104**(16), 6828-6833. Epub 2007 Apr 9. PubMed PMID: 17420446; PubMed Central PMCID: PMC1871870.

Goto, K., Ito, I. (2017) The asymmetry defect of hippocampal circuitry impairs working memory in β2-microglobulin deficient mice. *Neurobiol. Learn. Mem.*, **139**, 50-55. doi: 10.1016/j.nlm.2016.12.020. PMID: 28039089.

Huh, G. S., Boulanger, L. M., Du, H., Riquelme, P. A., Brotz, T. M., Shatz, C. J. (2000) Functional requirement for class I MHC in CNS development and plasticity. *Science*, **290**(5499), 2155-2159. PubMed PMID: 11118151; PubMed Central PMCID: PMC2175035.

Kawahara, A., Kurauchi, S., Fukata, Y., Martínez-Hernández, J., Yagihashi, T., Itadani, Y., Sho, R., Kajiyama, T., Shinzato, N., Narusuye, K., Fukata, M., Luján, R., Shigemoto, R., Ito, I. (2013) Neuronal major histocompatibility complex class I molecules are implicated in the generation of asymmetries in hippocampal circuitry. *J. Physiol.*, **591**(19), 4777-4791. doi: 10.1113/jphysiol.2013.252122. Epub 2013 Jul 22. PubMed PMID: 23878366; PubMed Central PMCID: PMC3800454.

河本 宏（2011）『もっとよくわかる！免疫学』，羊土社．

小安重夫 編（2005）『免疫学—集中マスター』，p.85，羊土社．

Lee, H., Brott, B. K., Kirkby, L. A., Adelson, J. D., Cheng, S., Feller, M. B., Datwani, A., Shatz, C. J. (2014) Synapse elimination and learning rules co-regulated by MHC class I H2-Db. *Nature*, **509**, 195-200. doi: 10.1038/nature13154. Epub 2014 Mar 30. PubMed PMID: 24695230; PubMed Central PMCID: PMC4016165.

McAllister, A. K. (2014) Major histocompatibility complex I in brain development and schizophrenia. *Biol. Psychiat.*, **75**(4), 262-268. doi: 10.1016/j.biopsych.2013.10. 003. Epub 2013 Oct 10. Review. PubMed PMID: 24199663; PubMed Central PMCID: PMC4354937.

McConnell, M. J., Huang, Y. H., Datwani, A., Shatz, C. J. (2009) H2-K(b) and H2-D(b) regulate cerebellar long-term depression and limit motor learning. *Proc. Natl. Acad. Sci. USA.*, **106**(16), 6784-6789. doi: 10.1073/pnas.0902018106. Epub 2009 Apr 3. PubMed PMID: 19346486; PubMed Central PMCID: PMC2672503.

Murphy, K., Travers, P., Walport, M. 著，笹月健彦 監訳（2010）『Janeway's 免疫生物学（原書第7版）』，南江堂．

Shatz, C. J. (2009) MHC class I: An unexpected role in neuronal plasticity. *Neuron*, **64**(1): 40-45. doi: 10.1016/j.neuron.2009.09.044. PubMed PMID: 19840547; PubMed Central PMCID: PMC2773547.

Syken, J., Grandpre, T., Kanold, P. O., Shatz, C. J. (2006) PirB restricts ocular-dominance plasticity in visual cortex. *Science*, **313**(5794): 1795-1800. Epub 2006 Aug 17. PubMed PMID: 16917027.

Takai, T. (2005) Paired immunoglobulin-like receptors and their MHC class I recognition. Immunology, **115**, 433-440.

Ukai, H., Kawahara, A., Hirayama, K., Case, M., Aino, S., Miyabe, M., Wakita, K., Oogi, R., Kasayuki, M., Kawashima, S., Sugimoto, S., Chikamatsu, K., Nitta, N., Koga, T., Shigemoto, R., Takai, T. Ito, I. (2017) PirB regulates asymmetries in hippocampal circuitry. *PLoS ONE*, **12**(6): e0179377. doi: 10.1371/journal.pone.0179377.

Yashiro, K., Philpot, B. D. (2008) Regulation of NMDA receptor subunit expression and its implications for LTD, LTP, and metaplasticity. *Neuropharmacology*, **55**(7), 1081-1094. doi: 10.1016/j.neuropharm.2008.07.046. Epub 2008 Aug 8. Review. PubMed PMID: 18755202; PubMed Central PMCID: PMC2590778.

7 脳の非対称性を生み出すしくみ

　これまでに明らかになった事実をもとに，脳あるいは脳神経回路の非対称性形成にはどのような機構の存在が考えられるでしょうか．また，その形成過程において Nodal 経路や免疫機能タンパク質はどのような具体的役割を果たしていると考えるのが妥当でしょうか．現在得られている情報は限られてはいますが，脳の非対称性の形成機構に関して可能性のあるモデルを考案することはできないでしょうか．提案できるモデルは初歩的な仮説にすぎないかもしれませんが，モデル化の作業を通して，今どのような情報が欠けているのか，何を明らかにすべきなのかが明確になることを期待したいと思います．

7.1　脳の左右を決めるしくみ──Nodal シグナル経路の役割

　まず，脳の非対称性形成における Nodal 経路や Pitx2 に関して現在得られている知見を整理してみましょう．
(1) 発生初期，ノードが出現する以前のマウス胚は左右対称であり，すべての細胞は"右"の特性をもっています．
(2) ノード流を欠く iv マウスでは内臓配置はランダム化しますが，海馬神経回路は内臓器官の正位・逆位にかかわらず右側異性を示し，ランダム化することはありません．
(3) 魚類では胚期の数時間のみ，間脳上部左側に一過性に発現する Nodal 経路が間脳の非対称性形成を制御しています．（この現象は，マウスでは知られていません．）

(4) ヒラメやカレイなどの異体類では，胚期 Nodal 経路の発現が終了してからおよそ 15 日後に始まる変態期において，手綱核の背側正中部に *pitx2* が再発現することが知られています．異体類において，眼位および変態期に形成される脳の非対称性の向きを直接制御しているのは，この変態期に再発現する *pitx2* だと思われます．（*pitx2* の再発現はマウスでは知られていません.）
(5) 異体類ではクッパー胞の異常により，胚期における *pitx2* の発現がランダム化した場合，変態期の再発現もランダム化します．そのため，内臓逆位が半数で発生し，眼位の逆位も半数発生します．
(6) 内臓系においても脳においても，Nodal 経路は非対称性の方向性を決定する機構として機能していると考えられ，非対称性そのものを生み出す機構は別に存在すると考えられます．

これらの情報を，少しずつ繋ぎ合わせるとマウス脳の左右決定に関して次のような可能性が考えられないでしょうか．

　発生初期，ノードが出現する以前のマウス胚は左右対称であり，すべての細胞は"右"の特性をもっています．この対称性を破り体軸の左側を右側に対して差別化するしくみがノード流に始まる左右決定機構であると考えられます．このノード流を欠く *iv* マウスでは胚期において *Pitx2* の発現は左右にランダム化していますが海馬はランダム化せず，内臓の正位・逆位にかかわらず右側異性を示します．したがって，内臓器官と同様に脳もこの発生初期におけるノード流や Nodal シグナル経路の影響を受けて非対称性の方向が決定されていると考えられますが，そのメカニズムは内臓系のそれとは一部異なっているのでしょう．ここで「非対称性の方向が決定される」というのは，左右の脳半球に属する細胞群が，まだそれぞれ異なる特徴を発現するには至っていないために神経細胞としての特徴にはまだ左右で差異は見られませんが，将来異なる特性（遺伝子）を発現するようになることが，すでにこの時期に決められているのではないかという意味です．おそらくこの後，脳発生の適切な時期に，左を特徴づけるなんらかの因子が左脳の神経細胞に発現されることによって，左脳の神経細胞がその特徴を示すようになり，脳の左右が確定するのではないでしょうか．これは，魚類における間脳の非対称性形成やヒラメ・カレイの眼位決定

機構における pitx2 の発現，および再発現に類似した機構といえるかもしれません．iv マウスではこの左脳を示す因子が，なんらかの理由で発現されなくなっているために，左右の海馬がともにデフォルトの性質である"右"のままになってしまうのではないでしょうか．そのために，iv マウスでは内臓はランダム化しますが，海馬はランダム化することなく右側異性を示すことになるのでしょう．したがって，非対称性の方向性決定機構や左決定因子の発現に異常が生じると脳の左右が逆転しているマウスや両半球が左脳（左側異性）のマウスが生じることも可能性としてはありうるでしょう．脳は各部位によって発生の時期には差があります．たとえば海馬などは脳の他の部位よりも遅れて形成されるようです．発生時期が異なる脳のさまざまな部位で，適切な非対称性を形成するためには，Pitx2 のような転写因子が脳内のさまざまな部位で，異なる時期に，一過性に，繰り返し発現されていても不思議はないように思われます．

　このような考えのもとにマウス脳の左右を決めるしくみをモデル化したのが図 7.1 です．まず，マウス脳ははじめ左右両半球とも右の形質を示しています．このモデルでは右の形質をうすいグレー，左のそれをピンクで表すことにします．左右が正位の野生型（WT）マウスでは Lrd 活性が正常であり，ノード流も正常に発生するので，後に左決定因子の発現を左脳に誘導するしくみが胚期において正しく形成されます．このことを図中左，右のグレーの文字で表しました．このグレー文字は，両半球の神経細胞がすでに異なる特徴を発現していることを意味するのではなく，決定因子の発現を左脳に誘導するしくみがすでに整ってはいますが，神経細胞はまだ右の形質（うすいグレー）のままであることを表しています．その後，脳の左の形質を表す因子（ピンクの丸）が左脳に発現することによって左半球の神経細胞が左の表現型を獲得し，脳の左右が正しく決定されます．

　次に，まだその存在が確認されてはいませんが脳の左右が逆位のマウスを考えます．この場合 Lrd は活性ですが，なんらかの異常により左決定因子の発現を左脳に誘導するしくみが左右逆になっています．その結果，左決定因子が右側に発現されることになり，脳の左右が逆になります．

　次に Lrd が不活性な場合を考えます．この場合ノード流が生じず，決定因

7.1 脳の左右を決めるしくみ——Nodal シグナル経路の役割

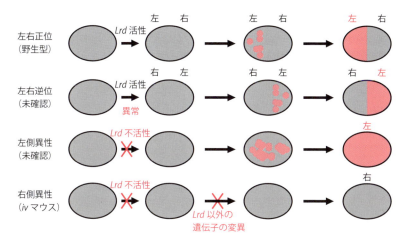

図7.1 脳の左右決定機構モデル
細胞が右の形質をもつことをグレーで，左の形質であることをピンクで表します．マウスの初期胚は左右対称であり，すべての細胞は"右"の特性をもっています．ピンクの丸で脳の左の形質を表す因子を表します．野生型マウスと iv マウス以外，脳が左右逆位および左側異性を示すマウスは現在確認されていません．Lrd: left-right dynein 遺伝子．詳しくは本文を参照してください．

子の発現を左脳に誘導するしくみも形成されません．したがって左決定因子はすべての神経細胞で発現され，このため脳は左右がともに左の性質を示すことになります．このような左側異性マウスは今のところ未確認ですが，可能性としてはありうるでしょう．

同様に Lrd が不活性な iv マウスでは，やはりノード流が生じず，後の決定因子の発現を左脳に誘導するしくみも形成されません．さらになんらかの理由で左の形質を誘導する決定因子も発現されないために，左右両半球がともにデフォルトである"右"の形質のままになるのではないかと思われます．よって，iv マウスの内臓配置はランダム化しますが，海馬の神経回路はランダム化せず，右側異性を示すことになるのでしょう．おそらく，iv マウスは Lrd に点突然変異をもつとともに，左の形質を誘導する決定因子の発現に関連した遺伝子にもなんらかの異常をもっているだろうと筆者らは予測しています．

以上のように，このようなモデルで脳の左右決定の様子をある程度説明し，かつ未発見の異常動物を予測することもできました．しかし，このモデルにお

いてピンクの丸で示した脳の左を決定する因子の正体，左決定因子の発現を左脳に誘導するしくみ，さらには iv マウスがもつであろう Lrd 以外の変異とその遺伝子の実体など，まだ明らかにすべきことは数々残されています．

7.2 非対称な神経回路を生み出すしくみ

前節で述べたように，ノード流や Nodal 経路は脳の左右を決定する機構であり，神経回路の非対称性そのものを生み出す機構は別に存在すると思われます．なぜなら，たとえば iv マウスでは確かに海馬神経回路の左右の非対称性は消失していますが，ε2-dominant および ε2-non-dominant シナプスは形成されており，これら2種類のシナプスを生み出す機構は iv マウスにおいても依然として機能しているからです．では，非対称性を生み出す機構とはどのようなものであり，どのようなモデル化が可能でしょうか．これらに関しては，次のような手掛かりとなる知見が得られています．

(1) 魚類では手綱核亜核の大きさが左右非対称であり，この亜核サイズの非対称性形成は，胚期に右手綱核で発現される Notch シグナルによって制御されている．

(2) MHCI のサブユニットである β2 ミクログロブリンのノックアウトマウス（β2m KO マウス）や MHCI の受容体である PirB のノックアウトマウス（PirB KO マウス）では，海馬神経回路の非対称性が完全に消失するが内臓配置の非対称性に異常は見られない．

まず，魚類において手綱核亜核の大きさが異なるのは，それぞれの亜核を構成している細胞の数が異なるからでした（第5章参照）．Notch シグナルは神経幹細胞の分化を抑制的に制御することによって亜核を構成する神経細胞の数を制御しています．この機構は，特定の細胞集団の大きさ，すなわち集団を構成する細胞の数を制御することによって脳に非対称性を生み出すしくみとして有効でしょう．

つぎに，マウス海馬神経回路の非対称性形成における MHCI/PirB 系の役割に関して少し詳しく考えてみましょう．第6章において，MHCI/PirB 系はシナプス形成自体には関与せず，主として回路の非対称性形成に関与している可

7.2 非対称な神経回路を生み出すしくみ

能性を示しました．また，非対称性のような固有の特性をもった神経回路の構築には，シナプス形成に関わるシナプス前終末と後細胞，すなわち synaptic partner が互いを識別し合う機構の存在が不可欠であり，MHCI/PirB 系はこの識別機構に関与している可能性についても述べました．それでは，MHCI/PirB 系によってどのような識別機構が可能なのか，またそれに基づいて非対称性を生み出すことが可能であるか，モデルを用いて考えてみましょう．

　マウスの海馬錐体細胞は同側および反対側からの入力を受けているために，左右の海馬錐体細胞からの軸索が同じ錐体細胞の樹状突起にシナプスを形成することも当然ありえます．そして時には同じ樹状突起のごく近傍に左右からの入力がシナプスを形成する場合もありうるでしょう．そのようなときにも，シナプス後細胞は入力線維の左右を識別し，それぞれの入力に対して異なる特性をもったシナプスをつくり分けているに違いありません．これを可能にするには，シナプス前終末は自身の起源が左海馬であるのか右海馬であるのかを示すシグナルをもっている必要があります．一方シナプス後細胞の樹状突起には，これらのシグナルを識別し，シナプスを形成した相手がもつ特性の違いをシナプス後細胞内に伝え，伝達物質受容体サブユニットの分配やシナプス形状の制御を可能にするシグナル受容機構が存在する必要があります．かつ，頂上樹状突起と基底樹状突起に存在するシグナル受容機構は，細胞極性を反映して，互いに異なる特性をもっているに違いありません．

　MHCI は免疫系において抗原提示を任務とするタンパク質であり，細胞内で合成され，分解されたタンパク質の断片を結合して細胞表面に現れます．したがって本来，情報の提示に機能特化しており，情報の受容や，それを細胞内に伝える機能はもっていません．一方，MHCI の情報を受け取る受容体である PirB は，その細胞内領域で SHP-1 や SHP-2 などの脱リン酸化酵素と相互作用することが可能であり，細胞内反応機構を制御する機能をもつ分子構造となっています．現在，回路の非対称性形成に関与する MHCI や PirB が，海馬シナプスにおいて，シナプス前・後のどちらに局在しているかについては明らかではありません．しかしその機能を考えると，入力の起源が左右どちらであるかを示す分子として MHCI がシナプス前終末に存在し，MHCI 受容体である PirB がシナプス後スパイン上に存在するのではないかと予想されます．そ

第 7 章　脳の非対称性を生み出すしくみ

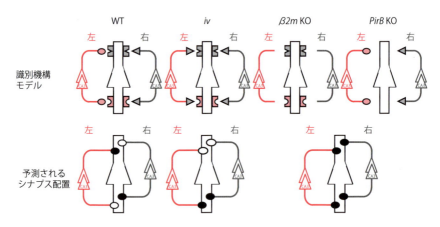

図 7.2　非対称性形成モデル
中央に CA1 錐体細胞を黒線で表します．左右の CA3 錐体細胞とその軸索をそれぞれ赤およびグレーで表します．シナプス前終末において"左"または"右"を示すシグナルをそれぞれ"●"あるいは"◁"で表すことにします．これらのシグナルを受容する 2 種類の受容体（●受容型と◁受容型）が頂上樹状突起と基底樹状突起に分布しているとします．終末シグナルの型と受容体の型が一致したときには白丸のシナプス（ε2-non-dominant シナプス）が，一致しないときには黒丸のシナプス（ε2-dominant シナプス）が形成されると仮定します．いずれのマウスの場合も，モデルから予測されるシナプス配置は実際の配置とよく一致しています．WT: 野生型マウス，iv: iv マウス，β2m KO: β2m ノックアウトマウス，PirB KO: PirB ノックアウトマウス．その他は本文を参照してください．

れでは，このような道具だてによって，どのように synaptic partner を識別することが可能でしょうか．また，それによって回路の非対称性は生み出されるものなのでしょうか．モデル化することによって確かめてみましょう．

　図 7.2 は MHCI と PirB による synaptic partner の識別機構に基づいた非対称性形成モデルと海馬神経回路の模式図です．入力を受ける CA1 錐体細胞を中央に 1 つだけ黒線で示しました．左海馬の CA3 錐体細胞とその軸索を赤で，右海馬のそれらをグレーで示してあります．今，シナプス前終末において"左"を示すシグナルを"●"で，"右"を示すシグナルを"◁"で表すことにします．また，これらを受容する樹状突起上の受容体は，左右シグナルに対する特異性を異にする 2 種類（●型受容体と◁型受容体）が存在し，これらが細胞極性の違いを反映して頂上樹状突起と基底樹状突起にそれぞれ異なる分布をしているものとします．さらに，これらのシグナルとその受容体はシナプス形成には関与せず，synaptic partner の識別において機能し，シナプスに固

有の特性を誘導することにのみ関与しているものとします．今，シナプス前終末シグナルの形状と樹状突起上の受容体の型が一致したときには白丸のシナプス（ε2-non-dominant シナプス）が，それらが一致しないときには黒丸のシナプス（ε2-dominant シナプス）が形成されるとすると図 7.2 のように野生型（WT）マウスの海馬神経回路がきちんと出来上がります．

次に海馬神経回路が右側異性を示す iv マウスの場合を考えます．この場合左右すべての入力線維が"右"を示す"◁"のシグナルをもっていると考えられます．一方，iv マウスではシナプス後神経細胞の細胞極性は正常だと思われるので，受容体の種類とその分布は正常で，野生型マウスと同様であると考えられます．野生型マウスの場合と同様に，シナプス前終末シグナルの形と樹状突起上の受容体の型が一致したときには白丸のシナプス（ε2-non-dominant），一致しないときには黒丸のシナプス（ε2-dominant）が形成されると仮定すると，図 7.2 のように iv マウスの海馬神経回路が出来上がります．

次に β2m KO マウスについて考えましょう．β2m KO マウスでは，すべての細胞において細胞膜表面から MHCI が消失しています．海馬シナプスでは MHCI はシナプス前終末に存在すると考えられますから，その神経回路においてはすべての入力から左右を示すシグナルが消失していることでしょう（図 7.2）．シナプス前シグナルの消失は，その受容体にとっては適合するシグナルがなく，前シグナルとその受容体の型が一致しない場合と同様であると考えられ，黒丸のシナプス（ε2-dominant）が形成されることになるでしょう．したがって，すべての入力に対して ε2-dominant シナプスが形成され，非対称性を完全に消失した β2m KO マウスの海馬神経回路が形成されます．

最後に PirB KO マウスの場合を考えます．PirB は海馬ではシナプス後スパイン上に存在すると予測されますが，PirB KO マウスではそれらが完全に消失しています（図 7.2）．この場合シナプス後細胞はシナプス前終末からのシグナルを受容することができず，これはやはり前シグナルとその受容体の型が一致しない場合と同様であると考えられ，黒丸のシナプス（ε2-dominant）が形成されることになるでしょう．したがって，β2m KO マウスと同様にすべての入力に対して ε2-dominant シナプスが形成され，非対称性を完全に消

失した海馬神経回路が形成されます.

　このように簡単な仮定を設けることで，機械的に神経回路に非対称性を生み出すことが可能であり，回路に異常が生じる理由も説明することができます.このことは，MHCI とその受容体が synaptic partner の識別機構において機能しており，非対称な神経回路の形成に直接関与している可能性を強く示唆しています.しかし，3 量体からなると考えられる MHCI 分子の何が左右シグナルの実体であるのか，MHCI と PirB はそれぞれシナプス前終末および後スパインのどちらに局在しているのか，さらに頂上樹状突起と基底樹状突起の PirB 受容体のシナプス前シグナルに対する特異性の違いは何に起因しているのかなど，明らかにすべきことはまだ多く残されています.

 海馬の神経回路の左右差は他の哺乳類で研究が進んでいるのでしょうか.

　哺乳類海馬における分子レベルの左右差研究と限定しますと，今のところマウス海馬だけのようです.筆者らが少し検討した範囲では，ラット海馬もマウスと同じ非対称性をもっているようです.他の動物種まで範囲を広げても，本書の第 5 章で取り上げている，ゼブラフィッシュの手綱核-脚間核神経回路の非対称性に関する研究やヒラメ・カレイの眼位決定機構に関する研究くらいではないでしょうか.

参考文献

Concha, M. L., Bianco, I. H., Wilson, S. W. (2012) Encoding asymmetry within neural circuits. *Nat. Rev. Neurosci.*, **13**(12), 832-843. doi:10.1038/nrn3371. Review. PubMed PMID: 23165260.

あとがき

　本書は，脳の非対称性は何に起因し，どのように形成され，どのような意義があるのかなどの問題が，微視的レベル，すなわち，分子，細胞，シナプスそして神経回路のレベルでどこまで明らかになっているのかを解説したものです．しかし，これまでに記したように，現在私たちが微視的レベルで取り扱うことが可能なのは，脳のごく限られた領域の小さな神経回路における非対称性にすぎません．そのような小さな脳神経回路に関する知見にも，脳の非対称性として一般化できる事柄も含まれてはいるでしょうが，それすらまだ十分に理解されているわけではなく，明らかにすべきことのほうがずっと多いのです．すなわち，脳の非対称性に関する巨視的レベルの研究と微視的レベルの研究の間には，まだ大きな隔たりがあります．

　1836年，Marc Dax が初めてフランスの医学会で，左大脳半球の損傷と失語症について報告してから今日までに，およそ2世紀が経過しようとしています．その間には，筆者らと同じように，脳の非対称性は何に起因しているのか，どのようにしてつくられるのか，非対称性が異常になると脳のはたらきはどのように変化するのか，などを知りたいと考えた研究者らがいたに違いありません．そして，多くの失敗や挫折があっただろうと推察されます．しかし今から思えば，その失敗の多くは無理もないことのように思えます．なぜなら，現在われわれが手にしたごく限られた知識ですら，神経科学のみならず分子生物学，解剖学，発生学，免疫学および実験心理学など関連諸科学の飛躍的な発展なくして得られることはなかったからです．とくに1980年代以降の諸科学の発展，技術の進歩に負うところは大きいと思います．筆者らも含めて，今この分野で何がしかの成果を得ている研究者は，幸運にも良い時代に巡り合わせたのかもしれません．

あとがき

　私たちが目指している脳の非対称性に関する研究では，いくつかの階層（レベル）の研究が協調して発展することが必要だと思われます．それらは，(1) 分子レベル，(2) 細胞レベル，(3) ネットワークレベル，(4) 脳領域レベル，および (5) 個体レベルの各研究です．(1)～(3) のレベルの研究に関しては本書で述べてきた事柄なのであらためて説明する必要はないでしょう．(4) の脳領域レベルの研究とは，海馬 θ 波の計測のように，ある脳領域の活動を *in vivo* で計測し，解析するような研究をイメージしています．実はこのレベルの研究で筆者らは実績を残すことができていません．脳の非対称性研究全体を見渡しても，このレベルの研究が一番手薄で，未開拓であるように思います．それは，実験方法においても，データの解析法においても利用できる手法が限られていたからではないだろうかと思います．従来，電気生理学的計測では，測定対象となる現象をできるだけ綺麗に分離して測定することに努力が払われてきました．ノイズや邪魔になる現象はできるだけ除去されます．しかし，脳領域レベルの研究において得られる計測データは，多くの神経細胞やシナプスの活動を同時に記録している，いわば汚いデータですが，非常に大きな情報量を含んでいるはずです．今後ビッグデータの取扱いや，その解析手法が進歩すれば，この分野は有望ではないかと予感します．(5) の個体レベルの研究には本書の中でも紹介した実験心理学的アプローチによる動物の行動解析などが含まれますが，今後は小動物用の MRI などを併用した，より実証的な研究も必要でしょう．

　脳の左右差あるいは非対称性というと，なにか特別な研究領域のような感じがあるかもしれません．しかし，左右差や非対称性といえども脳神経回路がもつさまざまな特性のひとつにすぎません．したがって，脳の非対称性の形成機構の研究は，特有の形をもった神経回路がつくられるしくみの研究だと捉えることもできるでしょう．このように考えれば，回路特性としての非対称性や左右の違いは，際立った特徴であるだけにわかりやすく，検出しやすい特徴として利点にもなるはずです．ともあれ，脳の非対称性の分子基盤に関する研究はまだまだ未開拓な研究領域です．今後，さまざまなバックグラウンドをもつ，多くの研究者に道を切り拓いていただかなければなりません．そのためにはまずこの分野に興味をもち，現状を的確に把握していただく必要があります．本

あとがき

　書がそのための手掛かりとして，いくばくかでもお役に立てば，筆者望外の喜びです．

　本書に紹介した筆者の研究成果の多くは，共同研究者の方々および研究室の学生諸君の協力の賜物であることはいうまでもありません．また本書の執筆にあたっては，筆の遅い私を，辛抱強く待ち続けてくださった共立出版編集部の方々，とりわけ担当の山内千尋さんには長期間にわたり励ましをいただきました．これらをここに記し，謝意を表します．

　なお，本書を感謝とともに妻，美智子に捧げます．

2018 年 1 月

伊　藤　　　功

索 引

【欧文】

β2 ミクログロブリン　96
β2m　96
ε2-dominant シナプス　41
ε2-non-dominant シナプス　41

AMPA　24
AMPA 型グルタミン酸受容体　23
D-AP5　31
B 細胞　100
CD ナンバー　100
CD3 複合体　98
CD4　99
CD8　99
Charon　82
ChR2　53
co-receptor　99
DNQX　28
EEG　7
EP　7
fMRI　7, 10
G タンパク質　24
Glu　23
ITAM　98
iv マウス　75
KIF　68
KV　81
Lrd　64
LTD　30
LTP　30
mGluR　25
MHC I　95
MRI　7, 10
NIRS　7, 10
NMDA　24
NMDA 型グルタミン酸受容体　23
NMDA EPSC　40
Nodal 経路　114
non-NMDA 型受容体　24
nosepoke key　108
NVP　68
PF　106
Pir　100
Pitx2　114
Ro 25-6981　31
Shh　68
T 細胞　100
T 細胞抗原受容体　97
TCR　97
TGF　69
VHC　18, 39
VHCT マウス　39
X 線 CT　7

【和文】

あ

アゴニスト　24, 30
アニラセタム　28
アポトーシス　94
網状分子層　20
アモンの角　19
アンタゴニスト　30

イオンチャネル型グルタミン酸受容体　24
異体類　80
一次視覚野　102

索　引

ウェルニッケ野　2
右側異性　60

━━━━━━ か ━━━━━━

外側膝状体　102
カイニン酸　24
海馬交連　18, 38
海馬（体）　18
下オリーブ核　31
化学忌避物質　94
化学誘引物質　94
核磁気共鳴画像　7, 10
学習　30
可塑性　20
活動電位　34
過分極　34
刈込み　94
顆粒細胞　20
カレイ　80
乾燥型迷路課題　77
眼優位性の可塑性　103

記憶　30
キスカール酸　28
拮抗薬　30
基底樹状突起　20
キヌレイン酸　28
キネシン　67
キネシンスーパーファミリータンパク質　67
共優性　97
拒絶反応　95
キラーT細胞　100
近赤外線スペクトロスコピー　7, 10

クッパー胞　81
グルタミン酸　23
グルタミン酸作動性　23
グルタミン酸受容体　23

結節　60
言語野　2
原始線条　60
原条　60

抗原　100

抗原提示タンパク質　95
交連線維　21

━━━━━━ さ ━━━━━━

サイクロサイアザイド　28
細胞傷害性T細胞　100
細胞性免疫機構　96
作業記憶　77
左側異性　60
サッケード　4
作動薬　30
参照記憶　77

視蓋　80
軸索輸送　67
軸糸　63
失語症　1, 2
シナプス　21
シナプス可塑性　19, 48
シャーファー側副枝　21
周辺小管　63
主要組織適合性複合体クラス-1　95
松果体　83
小脳　106
小脳顆粒細胞　106
神経栄養物質　94
神経血管カップリング　10
神経節細胞　102

錐体細胞　19
スパイン　23, 50

静止膜電位　34
成長円錐　94
ゼブラフィッシュ　80
繊毛　65

臓器錯位　59
ソニックヘッジホッグ　67

━━━━━━ た ━━━━━━

代謝調節型グルタミン酸受容体　24
ダイニン　63
多形細胞層　21
手綱核　83

脱分極　34
短期記憶　77

遅延非見本合わせ課題　77
チャネルロドプシン　53
中心微小管　63
長期記憶　77
長期増強　30
長期抑制　30
頂上樹状突起　20

転写因子　70
点突然変異　75

登上線維　31, 106
トランスファーテスト　13
トランスフォーミング増殖因子　69

■■■■■■■ な ■■■■■■■

内臓逆位　59
内臓正位　59

脳波　7, 9
脳梁　3
ノード　60
ノード繊毛　62
ノード流　65, 115

■■■■■■■ は ■■■■■■■

ハロロドプシン　54

光遺伝学　52
光活性化アデニル酸シクラーゼ　55
皮質脳波　9
ヒラメ　80

副松果体　83
腹側海馬交連　39
プルキンエ細胞　31, 106
ブローカ失語症　2

ブローカ野　2
プロテアソーム　97
分離脳　3

ペア型免疫受容体　100
平行線維　31, 106
ヘルパーT細胞　100
鞭毛　65

放射（状）層　20
傍松果体　83
補助受容体　99

■■■■■■■ ま ■■■■■■■

膜小胞　68

ミオシン　67
水迷路課題　11
ミニチュア-EPSC　104

メラノプシン　54
免疫受容体チロシン活性化モチーフ　98
免疫特権　95

モータータンパク質　66
モルフォゲン　67

■■■■■■■ や ■■■■■■■

誘発電位　7, 10

■■■■■■■ ら ■■■■■■■

レチナール　52
レチノイン酸　68
連合線維　21

ロドプシン　52

■■■■■■■ わ ■■■■■■■

和田テスト　7

MEMO

MEMO

MEMO

MEMO

MEMO

［著者紹介］
伊藤　功（いとう　いさお）
1986年　島根医科大学大学院医学研究科博士課程修了
現　在　九州大学大学院理学研究院 教授，医学博士
専　門　神経生理学

ブレインサイエンス・レクチャー 5
Brain Science Lecture 5

脳の左右差
右脳と左脳をつくり上げるしくみ

Brain Lateralization
— Mechanism for Generating
Asymmetries in the Brain —

2018年2月25日　初版1刷発行

著　者　伊藤　功　Ⓒ 2018
発行者　南條光章
発行所　共立出版株式会社

〒112-0006
東京都文京区小日向4丁目6番19号
電話　（03）3947-2511（代表）
振替口座　00110-2-57035
URL http://www.kyoritsu-pub.co.jp/

印　刷
製　本　錦明印刷

一般社団法人
自然科学書協会
会員

検印廃止
NDC 491.371
ISBN 978-4-320-05795-1

Printed in Japan

JCOPY ＜出版者著作権管理機構委託出版物＞
本書の無断複製は著作権法上での例外を除き禁じられています．複製される場合は，そのつど事前に，
出版者著作権管理機構（ＴＥＬ：03-3513-6969，ＦＡＸ：03-3513-6979，e-mail：info@jcopy.or.jp）の
許諾を得てください．

■生物学・生物科学関連書　http://www.kyoritsu-pub.co.jp/ 共立出版

バイオインフォマティクス事典	日本バイオインフォマティクス学会編集
生態学事典	日本生態学会編集
進化学事典	日本進化学会編
日本産ミジンコ図鑑	田中正明他著
日本の海産プランクトン図鑑 第2版	岩国市立ミクロ生物館監修
現代菌類学大鑑	堀越孝雄他訳
大学生のための考えて学ぶ基礎生物学	堂本光子著
生命科学を学ぶ人のための大学基礎生物学	塩川光一郎著
生命科学の新しい潮流 理論生物学	望月敦史編
生命科学 生命の星と人類の将来のために	津田基之著
環境生物学 地球の環境を守るには	津田基之他著
生命・食・環境のサイエンス	江坂宗春監修
生命システムをどう理解するか	浅島　誠編集
生体分子化学 第2版	秋久俊博他編
実験生体分子化学	秋久俊博他編著
モダンアプローチの生物科学	美宅成樹著
数理生物学 個体群動態の数理モデリング入門	瀬野裕美著
数理生物学講義 基礎編	瀬野裕美著
数理生物学講義 展開編	齋藤保久他著
生物学のための計算統計学	野間口眞太郎著
一般線形モデルによる生物科学のための現代統計学	野間口謙太郎他訳
分子系統学への統計的アプローチ	藤　博幸他訳
システム生物学がわかる！	土井　淳他著
細胞のシステム生物学	江口至洋著
遺伝子とタンパク質のバイオサイエンス	杉山政則編著
遺伝子から生命をみる	関口睦夫他著
せめぎ合う遺伝子 利己的な遺伝因子の生物学	藤原晴彦監訳
DNA鑑定とタイピング	福島弘文他訳
生物とは何か？	美宅成樹著
基礎から学ぶ構造生物学	河野敬一他編集
入門 構造生物学 放射光X線と中性子で最新の生命現象を読み解く	加藤龍一編集
構造生物学 原子構造からみた生命現象の営み	樋口芳樹他著
構造生物学 ポストゲノム時代のタンパク質研究	倉光成紀他編
タンパク質計算科学 基礎と創薬への応用	神谷成敏他著
脳入門のその前に	徳野博信著
脳「かたち」と「はたらき」	徳野博信訳
神経インパルス物語	酒井正樹他訳
対話形式による講義 これでわかるニューロンの電気現象	酒井正樹著
生物学と医学のための物理学 原著第4版	曽我部正博監訳
細胞の物理生物学	笹井理生他訳
生命の数理	巌佐　庸著
大学生のための生態学入門	原　登志彦監修
デイビス・クレブス・ウェスト行動生態学 原著第4版	野間口眞太郎訳
高山植物学 高山環境と植物の総合科学	増沢武弘編著
落葉広葉樹図譜 机上版／フィールド版	斎藤新一郎著
昆虫と菌類の関係 その生態と進化	梶村　恒他訳
個体群生態学入門 生物の人口論	佐藤一憲他訳
地球環境と生態系 陸域生態系の科学	武田博清他編集
生物数学入門	竹内康博他監訳
環境科学と生態学のためのR統計	大森浩二他訳
生態学のためのベイズ法	野間口眞太郎訳
BUGSで学ぶ階層モデリング入門	飯島勇人他訳
湖沼近過去調査法	占部城太郎編
湖と池の生物学	占部城太郎監訳
生態系再生の新しい視点 湖沼からの提案	高村典子他編著
なぜ・どうして種の数は増えるのか	巌佐　庸訳
生き物の進化ゲーム 大改訂版	酒井聡樹他著
進化生態学入門 数式で見る生物進化	山内　淳著
これからの進化生態学	江副日出夫他訳
進化のダイナミクス	竹内康博他監訳
ゲノム進化学入門	斎藤成也著
ニッチ構築 忘れられていた進化過程	佐倉　統他訳
基礎と応用 現代微生物学	杉山政則著
アーキア生物学	日本Archaea研究会監修
細菌の栄養科学 環境適応の戦略	石田昭夫他著
基礎から学べる菌類生態学	大園享司著
菌類の生物学 分類・系統・生態・環境・利用	日本菌学会企画
新・生細胞蛍光イメージング	原口徳子他編
よくわかる生物電子顕微鏡技術	臼倉治郎著
食と農と資源 環境時代のエコ・テクノロジー	中村好男他訳